수학 상위권 진입을 위한 문장제 해결력 강화

문제
해결의
길잡이

원리

수학 **6**-2

Mirae **N** 에듀

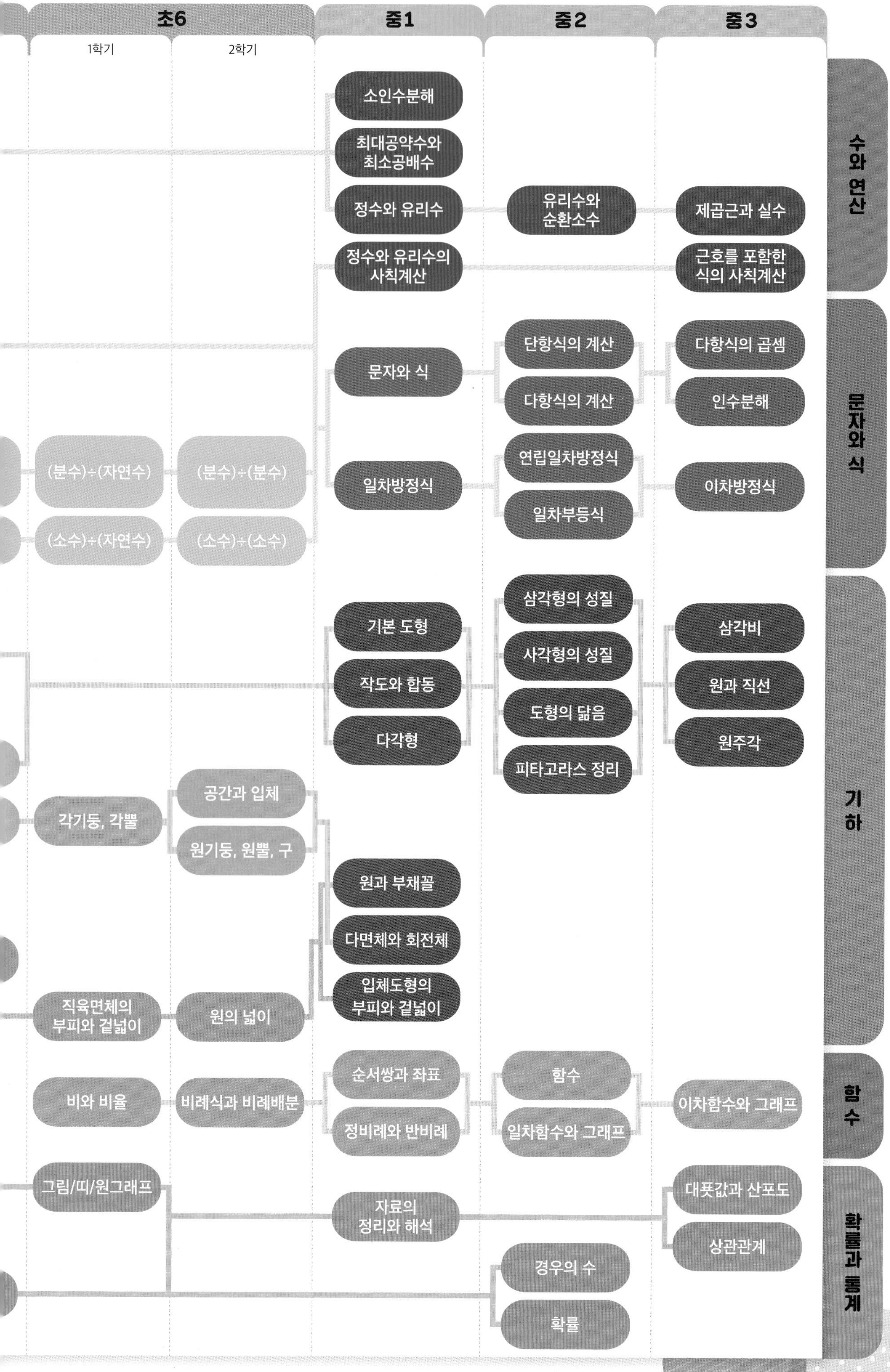

초6		중1	중2	중3	
1학기	2학기				

수와 연산

소인수분해

최대공약수와 최소공배수

정수와 유리수 → 유리수와 순환소수 → 제곱근과 실수

정수와 유리수의 사칙계산 → 근호를 포함한 식의 사칙계산

문자와 식

문자와 식 → 단항식의 계산 → 다항식의 곱셈

다항식의 계산 → 인수분해

(분수)÷(자연수) | (분수)÷(분수)

일차방정식 → 연립일차방정식

일차부등식 → 이차방정식

(소수)÷(자연수) | (소수)÷(소수)

기하

기본 도형 → 삼각형의 성질

작도와 합동 → 사각형의 성질 → 삼각비

다각형 → 도형의 닮음 → 원과 직선

피타고라스 정리 → 원주각

각기둥, 각뿔

공간과 입체

원기둥, 원뿔, 구

원과 부채꼴

다면체와 회전체

입체도형의 부피와 겉넓이

직육면체의 부피와 겉넓이 | 원의 넓이

함수

비와 비율 | 비례식과 비례배분

순서쌍과 좌표 → 함수 → 이차함수와 그래프

정비례와 반비례 → 일차함수와 그래프

확률과 통계

그림/띠/원그래프

자료의 정리와 해석 → 대푯값과 산포도

상관관계

경우의 수

확률

이 책의 **머리말**

'방방이'라고 불리는 트램펄린에서 뛰어 본 적 있나요?
처음에는 중심을 잡고 일어서는 것도 어렵지만
발끝에 힘을 주고 일어나 탄력에 몸을 맡기면
어느 순간 공중으로 높이 뛰어오를 수 있어요.

수학 공부도 마찬가지랍니다.
넘사벽이라고 느껴지던 어려운 문제도
해결 전략에 따라 집중해서 훈련하다 보면
어느 순간 스스로 전략을 세워 풀 수 있어요.

처음에는 서툴지만 누구나 트램펄린을 즐기는 것처럼
문제 해결의 길잡이로 해결 전략을 익힌다면
어려운 문제도 스스로 해결할 수 있어요.

자, 우리 함께 시작해 볼까요?

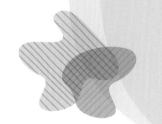

이 책의 **구성**

문제를 보기만 해도 어떻게 풀어야 할지 머릿속이 캄캄해진다구요?

해결 전략에 따라 길잡이 학습을 익히면 자신감이 생길 거예요!

길잡이 학습을 어떻게 하냐구요? 지금 바로 문해길을 펼쳐 보세요!

문해길 학습 **1** 시작하기

문해길 학습 **2** 해결 전략 익히기

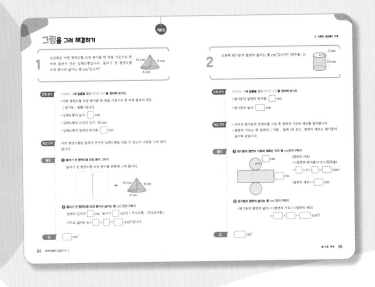

학습 계획 세우기
영역 학습을 시작하며 자신의 실력에 맞게 하루에 해야 할 목표를 세웁니다.

시작하기
문해길 학습에 본격적으로 들어가기 전에 기본 학습 실력을 점검합니다.

해결 전략 익히기

문제 분석하기	구하려는 것과 주어진 조건을 찾아내는 훈련을 통해 문장제 독해력을 키웁니다.
해결 전략 세우기	문제 해결 전략을 세우는 과정을 연습하며 수학적 사고력을 기릅니다.
단계적으로 풀기	단계별로 서술함으로써 풀이 과정을 익힙니다.

문제 풀이 동영상과 함께 완벽한 문해길 학습!
문제를 풀다가 막혔던 문제나 틀린 문제는 풀이 동영상을 보고, 온전하게 내 것으로 만들어요!

문해길 학습 3 해결 전략 적용하기

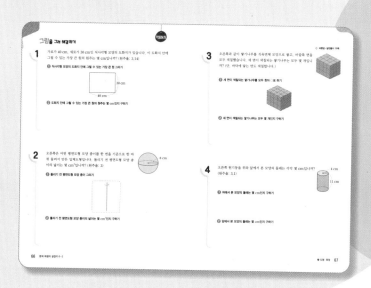

문해길 학습 4 마무리하기

해결 전략 적용하기

문제 분석하기 → 해결 전략 세우기 → 단계적으로 풀기

문제를 읽고 스스로 분석하여 해결 전략을 세워 봅니다. 그리고 단계별 풀이 과정에 따라 정확하게 문제를 해결하는 훈련을 합니다.

마무리하기

마무리하기에서는 스스로 해결 전략과 풀이 단계를 세워 문제를 해결합니다. 이를 통해 향상된 실력을 확인합니다.

문제 해결력 TEST

문해길 학습의 최종 점검 단계입니다. 틀린 문제는 쌍둥이 문제를 다운받아 확실하게 익힙니다.

이 책의 차례

3장 규칙성·자료와 가능성

[부록 시험지] 문제 해결력 TEST

1장 수·연산

6-1

- 분수의 나눗셈
- 소수의 나눗셈

6-2

· 분수의 나눗셈
(분수)÷(분수)
(자연수)÷(분수)
(분수)÷(분수)를 (분수)×(분수)로 나타내기

· 소수의 나눗셈
(소수)÷(소수)
(자연수)÷(소수)
몫을 반올림하여 나타내기
나누어 주고 남는 양 알아보기

중1 과정

- 정수와 유리수의 사칙계산
- 문자와 식
- 일차방정식

" 학습 계획 세우기 "

	익히기	적용하기	
식을 만들어 해결하기	☐ 10~11쪽 월 일	☐ 12~13쪽 월 일	☐ 14~15쪽 월 일
그림을 그려 해결하기	☐ 16~17쪽 월 일	☐ 18~19쪽 월 일	☐ 20~21쪽 월 일
거꾸로 풀어 해결하기	☐ 22~23쪽 월 일	☐ 24~25쪽 월 일	☐ 26~27쪽 월 일
규칙을 찾아 해결하기	☐ 28~29쪽 월 일	☐ 30~31쪽 월 일	☐ 32~33쪽 월 일
조건을 따져 해결하기	☐ 34~35쪽 월 일	☐ 36~37쪽 월 일	☐ 38~39쪽 월 일
단순화하여 해결하기	☐ 40~41쪽 월 일	☐ 42~43쪽 월 일	☐ 44~45쪽 월 일

마무리 1회	마무리 2회
☐ 46~49쪽 월 일	☐ 50~53쪽 월 일

수·연산 시작하기

1 $\dfrac{4}{7} \div \dfrac{2}{7}$ 를 계산하려고 합니다. ☐ 안에 알맞은 수를 써넣으시오.

> $\dfrac{4}{7}$ 는 $\dfrac{1}{7}$ 이 ☐ 개이고, $\dfrac{2}{7}$ 는 $\dfrac{1}{7}$ 이 ☐ 개입니다.
>
> ➡ $\dfrac{4}{7} \div \dfrac{2}{7} = 4 \div \boxed{} = \boxed{}$

2 자연수의 나눗셈을 이용하여 소수의 나눗셈을 계산하시오.

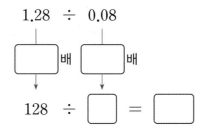

$1.28 \div 0.08$

☐ 배 ☐ 배

$128 \div \boxed{} = \boxed{}$

3 그림을 보고 ☐ 안에 알맞은 수를 써넣으시오.

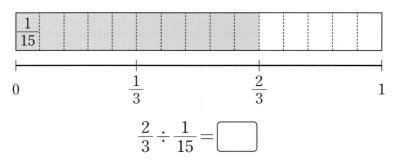

$\dfrac{2}{3} \div \dfrac{1}{15} = \boxed{}$

4 ☐ 안에 알맞은 수를 써넣으시오.

$1.36 \div 0.04 = 34$

$13.6 \div 0.04 = \boxed{}$

$136 \div 0.04 = \boxed{}$

$21 \div 7 = 3$

$21 \div 0.7 = \boxed{}$

$21 \div 0.07 = \boxed{}$

5 $12 \div \dfrac{3}{4}$ 을 바르게 계산한 것을 찾아 기호를 쓰시오.

$$\bigcirc \ 12 \div \frac{3}{4} = (12 \div 3) \times 4 = 16$$

$$\bigcirc \ 12 \div \frac{3}{4} = (12 \div 4) \times 3 = 9$$

(   )

6 몫을 반올림하여 주어진 자리까지 나타내시오.

$$41.6 \div 9$$

일의 자리까지	
소수 첫째 자리까지	
소수 둘째 자리까지	

7 다음 중 가장 큰 분수를 가장 작은 분수로 나눈 몫을 구하시오.

$$\frac{5}{8} \qquad 2\frac{1}{5} \qquad \frac{9}{4}$$

(   )

8 몫이 다른 하나를 찾아 기호를 쓰시오.

$$\bigcirc \ 18 \div 1.2 \qquad \bigcirc \ 21 \div 0.14 \qquad \bigcirc \ 63 \div 4.2$$

(   )

식을 만들어 해결하기

1 일정한 빠르기로 1시간 30분 동안 109.5 km를 갈 수 있는 자동차가 있습니다. 이 자동차를 타고 2시간 12분 동안 갈 수 있는 거리는 몇 km입니까?

문제 분석

구하려는 것에 밑줄을 긋고 주어진 조건을 정리해 보시오.

• 자동차가 1시간 30분 동안 갈 수 있는 거리: ☐ km

• 자동차를 타고 가는 시간: ☐시간 ☐분

해결 전략

• 1분＝$\dfrac{1}{☐}$시간임을 이용하여 시간을 소수로 나타냅니다.

• 한 시간 동안 갈 수 있는 거리는 (곱셈식 , 나눗셈식)을 만들어 구합니다.

풀이

❶ 1시간 30분을 소수로 나타내기

$$1시간\ 30분 = 1\dfrac{☐}{60}시간 = 1\dfrac{☐}{10}시간 = ☐시간$$

❷ 자동차를 타고 한 시간 동안 갈 수 있는 거리는 몇 km인지 구하기

(간 거리)÷(걸린 시간)＝ ☐ ÷ ☐ ＝ ☐ (km)

❸ 2시간 12분을 소수로 나타내기

$$2시간\ 12분 = 2\dfrac{☐}{60}시간 = 2\dfrac{☐}{10}시간 = ☐시간$$

❹ 자동차를 타고 2시간 12분 동안 갈 수 있는 거리는 몇 km인지 구하기

(한 시간 동안 갈 수 있는 거리)×(걸린 시간)＝ ☐ × ☐

＝ ☐ (km)

답 ☐ km

2 어느 목수가 의자 한 개를 만드는 데 $2\frac{4}{5}$시간이 걸립니다. 이 목수가 하루에 7시간씩 6일 동안 쉬지 않고 의자를 만든다면 의자를 모두 몇 개 만들 수 있습니까?

문제 분석   구하려는 것에 밑줄을 긋고 주어진 조건을 정리해 보시오.

• 의자 한 개를 만드는 데 걸리는 시간: ☐ 시간

• 의자를 만든 시간: 하루에 ☐ 시간씩 6일 동안

해결 전략   의자를 만든 시간은 (곱셈식 , 나눗셈식)을 만들어 구하고, 만들 수 있는 의자 수는 (곱셈식 , 나눗셈식)을 만들어 구합니다.

풀이   ❶ 의자를 만든 시간은 모두 몇 시간인지 구하기

(하루에 의자를 만든 시간)×(날수)= ☐ ×6= ☐ (시간)

❷ 의자를 모두 몇 개 만들 수 있는지 구하기

(의자를 만든 전체 시간)÷(의자 한 개를 만드는 데 걸리는 시간)

$$= \boxed{} \div 2\frac{4}{5} = \boxed{} \div \frac{\boxed{}}{5} = \boxed{} \times \boxed{} = \boxed{} (개)$$

답   ☐ 개

식을 만들어 해결하기

1 상진이가 길이가 37 cm 5 mm인 수수깡을 7.5 cm씩 나누어 자르려고 합니다. 수수깡은 모두 몇 도막이 됩니까?

❶ 수수깡의 전체 길이는 몇 cm인지 소수로 나타내기

❷ 수수깡은 모두 몇 도막이 되는지 구하기

2 $\frac{1}{5}$ L 들이의 그릇에 물을 가득 담아 빈 주전자에 두 번 부었습니다. 주전자에 담은 물을 컵 한 개에 $\frac{1}{15}$ L씩 똑같이 나누어 담으려면 컵은 적어도 몇 개 필요합니까?

❶ 주전자에 담은 물은 모두 몇 L인지 구하기

❷ 컵은 적어도 몇 개 필요한지 구하기

3 1.8 L 들이의 주스가 5병 있습니다. 이 주스를 한 사람이 0.5 L씩 마신다면 모두 몇 명이 마실 수 있습니까?

① 주스는 모두 몇 L인지 구하기

② 주스를 모두 몇 명이 마실 수 있는지 구하기

4 일정한 빠르기로 4분 동안 $1\frac{1}{2}$ cm만큼 타는 양초가 있습니다. 이 양초가 12 cm만큼 타는 데 걸리는 시간은 몇 분입니까?

① 1분 동안 타는 양초의 길이는 몇 cm인지 구하기

② 양초가 12 cm만큼 타는 데 걸리는 시간은 몇 분인지 구하기

식을 만들어 해결하기

5 휘발유 3.26 L로 40.75 km를 갈 수 있는 자동차가 있습니다. 이 자동차가 휘발유 20 L로 갈 수 있는 거리는 몇 km입니까?

❶ 휘발유 1 L로 갈 수 있는 거리는 몇 km인지 구하기

❷ 휘발유 20 L로 갈 수 있는 거리는 몇 km인지 구하기

6 두께가 일정한 철판 $4\frac{2}{3}$ m²만큼의 무게가 $2\frac{2}{5}$ kg입니다. 이 철판 $1\frac{3}{4}$ m²만큼의 무게는 몇 kg입니까?

❶ 철판 1 m²의 무게는 몇 kg인지 구하기

❷ 철판 $1\frac{3}{4}$ m²의 무게는 몇 kg인지 구하기

7 문구점에 1.5 kg짜리 찰흙 덩어리가 12개 있습니다. 이 찰흙을 한 봉지에 0.6 kg씩 나누어 담아 팔려고 합니다. 팔 수 있는 찰흙은 모두 몇 봉지입니까?

8 어느 마트에서 파는 간장의 가격을 나타낸 것입니다. 가, 나, 다 중에서 어느 것을 사는 것이 가장 이익입니까?

간장	가	나	다
양	2.3 L	1.4 L	0.55 L
가격	16100원	9100원	4510원

9 $1\frac{1}{2}$분 동안 $2\frac{1}{4}$ L의 물이 나오는 수도가 있습니다. 이 수도에서 일정한 빠르기로 물이 나온다면 수도에서 4분 30초 동안 나오는 물은 몇 L인지 기약분수로 나타내시오.

그림을 그려 해결하기

1 아랑이가 가지고 있는 리본 12.6 m를 한 사람에게 3 m씩 나누어 주려고 합니다. 최대한 많은 사람에게 나누어 준다면 남는 리본은 몇 m인지 소수로 나타내시오.

문제 분석 구하려는 것에 밑줄을 긋고 주어진 조건을 정리해 보시오.

• 전체 리본의 길이: ☐ m

• 한 사람에게 주는 리본의 길이: ☐ m

해결 전략 리본을 ☐ m씩 덜어내어 최대한 많은 사람에게 나누어 주고 남는 리본의 길이를 구합니다.

풀이 ❶ 리본을 3 m씩 나누어 주고 남는 리본의 길이를 그림으로 나타내기

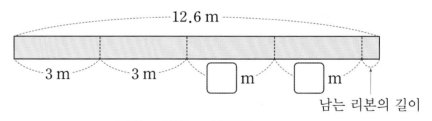

➡ 12.6 − 3 − 3 − ☐ − ☐ = ☐ (m)

❷ 나누어 주고 남는 리본은 몇 m인지 구하기

12.6에서 3을 ☐번 빼면 ☐이 남으므로

☐명에게 나누어 줄 수 있고, 남는 리본은 ☐ m입니다.

답 ☐ m

2 재우네 밭 전체의 $\dfrac{4}{9}$에는 배추를 심고, 남은 부분의 $\dfrac{3}{5}$에는 무를 심었습니다. 아무 것도 심지 않은 부분의 넓이가 $\dfrac{4}{5}$ m^2라면 전체 밭의 넓이는 몇 m^2인지 기약분수로 나타내시오.

문제 분석

구하려는 것에 밑줄을 긋고 주어진 조건을 정리해 보시오.

• 배추를 심은 부분: 전체 밭의 ☐

• 무를 심은 부분: 배추를 심고 남은 부분의 ☐

• 아무것도 심지 않은 부분의 넓이: $\dfrac{4}{5}$ m^2

해결 전략

전체 밭의 넓이를 1로 생각하고 아무것도 심지 않은 부분은 전체 밭의 얼마 인지 알아봅니다.

풀이

❶ 아무것도 심지 않은 부분은 전체 밭의 얼마인지 알아보기

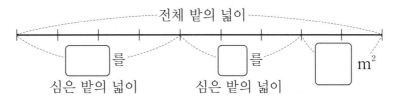

➡ 아무것도 심지 않은 부분은 전체 밭의 ☐입니다.

❷ 전체 밭의 넓이는 몇 m^2인지 구하기

전체 밭의 넓이를 ★ m^2라 하면 ★ × ☐ = $\dfrac{4}{5}$이므로

★ = $\dfrac{4}{5}$ ÷ ☐ = $\dfrac{4}{5}$ × ☐ = ☐ (m^2)입니다.

답

☐ m^2

그림을 그려 해결하기

1 쌀 40.4 kg을 한 통에 7 kg씩 나누어 담으려고 합니다. 최대한 많은 통에 나누어 담는다면 남는 쌀은 몇 kg인지 소수로 나타내시오.

❶ 쌀을 7 kg씩 나누어 담고 남는 쌀의 무게를 그림으로 나타내기

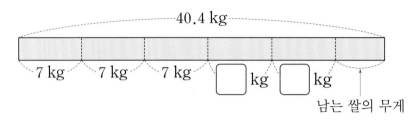

❷ 나누어 담고 남는 쌀은 몇 kg인지 구하기

2 건후네 학교 도서관에 있는 책 중 $\frac{3}{5}$은 동화책이고, 나머지의 $\frac{3}{4}$은 위인전입니다. 위인전이 1950권이라면 건후네 학교 도서관에 있는 책은 모두 몇 권입니까?

❶ 위인전은 전체 책의 얼마인지 알아보기

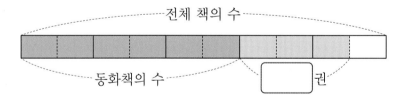

❷ 건후네 학교 도서관에 있는 책은 모두 몇 권인지 구하기

3 지태와 예율이가 둘레가 3 km인 원 모양 호수의 한 지점에서 킥보드를 타고 동시에 출발하여 둘레를 따라 서로 반대 방향으로 갔습니다. 두 사람은 각자 일정한 빠르기로 가서 출발한 지 5분 30초 후에 처음으로 다시 만났습니다. 지태가 1분 동안 $\frac{2}{7}$ km를 갔다면 예율이가 1분 동안 간 거리는 몇 km입니까?

❶ 지태가 5분 30초 동안 간 거리는 몇 km인지 구하기

❷ 예율이가 5분 30초 동안 간 거리는 몇 km인지 구하기

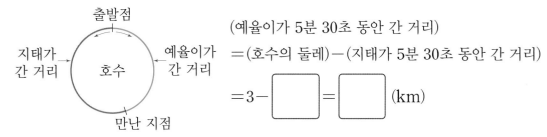

(예율이가 5분 30초 동안 간 거리)
$=$(호수의 둘레)$-$(지태가 5분 30초 동안 간 거리)
$=3-\boxed{}=\boxed{}$ (km)

❸ 예율이가 1분 동안 간 거리는 몇 km인지 구하기

4 밀가루 한 봉지의 $\frac{3}{8}$을 빵을 만드는 데 사용하고, 나머지의 $\frac{2}{5}$를 과자를 만드는 데 사용하였습니다. 남은 밀가루가 $2\frac{1}{4}$ kg이라면 밀가루 한 봉지는 몇 kg입니까?

❶ 남은 밀가루는 전체 밀가루의 얼마인지 알아보기

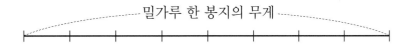

밀가루 한 봉지의 무게

❷ 밀가루 한 봉지는 몇 kg인지 구하기

그림을 그려 해결하기

5 길이가 8.56 km인 터널이 있습니다. 길이가 260 m인 기차가 1분에 1.26 km씩 가는 빠르기로 달려서 이 터널을 완전히 지나는 데 걸리는 시간은 몇 분입니까?

❶ 기차가 터널을 완전히 지나기 위해 가야 하는 거리는 몇 km인지 구하기

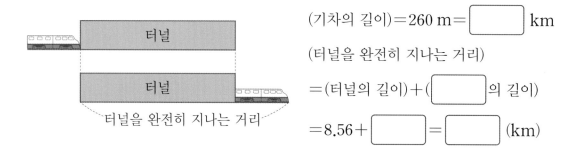

터널을 완전히 지나는 거리

(기차의 길이)=260 m= ☐ km

(터널을 완전히 지나는 거리)

= (터널의 길이) + (☐ 의 길이)

= 8.56 + ☐ = ☐ (km)

❷ 기차가 터널을 완전히 지나는 데 걸리는 시간은 몇 분인지 구하기

6 주스가 가득 담긴 병의 무게를 재었더니 $2\frac{4}{5}$ kg이었고, 주스를 전체의 $\frac{1}{4}$만큼 마시고 다시 무게를 재었더니 $2\frac{1}{5}$ kg이었습니다. 빈 병의 무게는 몇 kg인지 기약분수로 나타내시오.

❶ 마신 주스의 무게는 몇 kg인지 구하기

❷ 전체 주스의 무게는 몇 kg인지 구하기

❸ 빈 병의 무게는 몇 kg인지 구하기

바른답 • 알찬풀이 04쪽

7 길이가 3.25 cm인 용수철에 추를 매달았더니 처음 길이보다 5.85 cm만큼 늘어났습니다. 늘어난 후의 용수철의 길이는 늘어나기 전 용수철의 길이의 몇 배입니까?

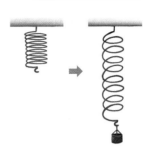

8 지윤이는 용돈의 $\frac{2}{7}$로 학용품을 사고, 나머지의 $\frac{2}{5}$를 저금하였습니다. 남은 용돈이 15000원이라면 지윤이가 처음에 가지고 있던 용돈은 얼마입니까?

9 물이 가득 담긴 주전자의 무게를 재었더니 $2\frac{3}{4}$ kg이었고, 물을 전체의 $\frac{2}{3}$만큼 버리고 다시 무게를 재었더니 $1\frac{1}{4}$ kg이었습니다. 빈 주전자의 무게는 몇 kg인지 기약분수로 나타내시오.

거꾸로 풀어 해결하기

1 어떤 수를 $\frac{2}{3}$로 나누어야 하는데 잘못하여 어떤 수에 $\frac{2}{3}$를 곱했더니 $\frac{1}{9}$이 되었습니다. 바르게 계산한 값을 기약분수로 나타내시오.

문제 분석 구하려는 것에 밑줄을 긋고 주어진 조건을 정리해 보시오.

어떤 수에 ☐를 곱했더니 ☐이 되었습니다.

해결 전략
- 어떤 수를 ■라 하여 잘못 계산한 식을 만든 후 거꾸로 생각하여 ■의 값을 구합니다.
- 계산 과정을 거꾸로 생각할 때 곱셈은 (덧셈 , 뺄셈 , 곱셈 , 나눗셈)으로 바꾸어 계산합니다.

풀이

❶ 어떤 수를 ■라 하여 잘못 계산한 식 만들기

■ × ☐ = ☐

❷ 어떤 수 구하기

위의 계산 과정을 거꾸로 생각하여 계산합니다.

■ = ☐ ÷ ☐ = ☐ × ☐ = ☐

❸ 바르게 계산한 값 구하기

어떤 수는 ☐이므로 바르게 계산하면

☐ ÷ $\frac{2}{3}$ = ☐ × ☐ = ☐ 입니다.

답 ☐

바른답 • 알찬풀이 06쪽

2 시헌이네 반 학생 전체의 0.6은 남학생입니다. 시헌이네 반 여학생이 8명이라면 시헌이네 반 학생은 모두 몇 명입니까?

문제 분석

구하려는 것에 밑줄을 긋고 주어진 조건을 정리해 보시오.

- 남학생 수: 전체 학생의 □

- 여학생 수: □명

해결 전략

- 전체 학생 수를 1로 생각하고 여학생 수는 전체 학생의 얼마인지 알아봅니다.

- 전체 학생 수를 ▲명이라 하여 여학생 수를 구하는 식을 만든 다음 거꾸로 생각하여 전체 학생 수를 구합니다.

풀이

❶ 여학생 수는 전체 학생 수의 얼마인지 알아보기

남학생 수는 전체 학생의 □이므로

여학생 수는 전체 학생의 $1-$ □ $=$ □입니다.

❷ 전체 학생은 모두 몇 명인지 구하기

전체 학생 수를 ▲명이라 하여 여학생 수를 구하는 식을 만들어 봅니다.

➡ ▲ $\times$ □ $=8$(명)

위의 곱셈식을 나눗셈식으로 나타내 봅니다.

➡ ▲ $=8\div$ □ $=$ □(명)

답 □명

거꾸로 풀어 해결하기

1 ㉮에 알맞은 수를 구하시오.

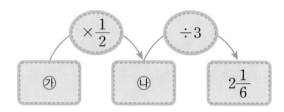

❶ ㉯에 알맞은 수 구하기

❷ ㉮에 알맞은 수 구하기

2 어떤 수를 4.2로 나누어야 하는데 잘못하여 어떤 수에 4.2를 곱했더니 317.52가 되었습니다. 바르게 계산한 값을 구하시오.

❶ 어떤 수를 □라 하여 잘못 계산한 식 만들기

❷ 어떤 수 구하기

❸ 바르게 계산한 값 구하기

바른답 • 알찬풀이 06쪽

3

지현이가 담장에 페인트를 칠하고 있습니다. 담장 전체의 0.65만큼을 칠했더니 칠하지 않은 부분의 넓이가 28 m²였습니다. 담장의 전체 넓이는 몇 m²입니까?

❶ 페인트를 칠하지 않은 부분은 담장 전체의 얼마인지 알아보기

❷ 담장의 전체 넓이는 몇 m²인지 구하기

4

오른쪽은 넓이가 20.16 cm²인 삼각형입니다. 이 삼각형의 밑변의 길이가 5.6 cm일 때 높이는 몇 cm입니까?

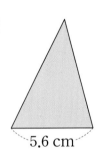

5.6 cm

❶ 높이를 ☐ cm라 하여 삼각형의 넓이를 구하는 식 만들기

❷ 삼각형의 높이는 몇 cm인지 구하기

거꾸로 풀어 해결하기

5 성종이의 몸무게는 채아 몸무게의 $1\frac{3}{8}$ 배이고, 채아 몸무게는 민호 몸무게의 $1\frac{1}{3}$ 배입니다. 성종이의 몸무게가 $49\frac{1}{2}$ kg일 때 민호의 몸무게는 몇 kg입니까?

❶ 채아의 몸무게는 몇 kg인지 구하기

❷ 민호의 몸무게는 몇 kg인지 구하기

6 다빈이는 주스 한 병의 $\frac{1}{5}$ 을 컵에 따르고, 병에 남은 주스의 $\frac{2}{3}$ 를 마셨습니다. 다빈이가 마신 주스가 $\frac{4}{7}$ L일 때 주스 한 병은 몇 L입니까?

❶ 컵에 따르고 남은 주스는 몇 L인지 구하기

❷ 주스 한 병은 몇 L인지 구하기

바른답·알찬풀이 06쪽

7 오른쪽 사다리꼴의 넓이가 117.6 cm²일 때 높이는 몇 cm입니까?

12 cm

17.4 cm

8 선우가 가지고 있던 사탕 전체의 $\frac{5}{16}$를 먹고, 나머지의 $\frac{1}{4}$을 동생에게 주었습니다. 선우에게 남은 사탕이 33개라면 선우가 처음에 가지고 있던 사탕은 모두 몇 개입니까?

9 떨어뜨린 높이의 0.4만큼 튀어 오르는 공이 있습니다. 이 공을 떨어뜨렸을 때 두 번째로 튀어 오른 높이가 4.8 m 였다면 처음에 공을 떨어뜨린 높이는 몇 m입니까?

규칙을 찾아 해결하기

1 다음 나눗셈의 몫을 구할 때 몫의 소수 11째 자리 숫자를 구하시오.

$$3.2 \div 2.2$$

문제 분석 구하려는 것에 밑줄을 긋고 주어진 조건을 정리해 보시오.

주어진 나눗셈식: ☐ ÷ ☐

해결 전략 몫의 소수점 아래 숫자가 반복되는 규칙을 찾습니다.

풀이

❶ 몫의 소수점 아래 숫자가 반복되는 규칙 찾기

```
          1.
  2.2 ) 3.2
```

➡ $3.2 \div 2.2 = 1.$☐☐☐☐ ……이므로

몫의 소수 첫째 자리부터 2개의 숫자 ☐, ☐가 반복됩니다.

❷ 몫의 소수 11째 자리 숫자 구하기

반복되는 숫자의 개수

$11 \div 2 =$ ☐ … ☐ 이므로 몫의 소수 11째 자리 숫자는

←반복되는 횟수

몫의 소수 (첫째 , 둘째) 자리 숫자와 같은 ☐입니다.

답 ☐

2 규칙에 따라 직사각형의 가로와 세로를 각각 몇 배씩하여 그리고 있습니다. 넷째 직사각형의 넓이는 몇 cm^2입니까?

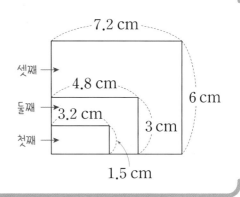

문제 분석 구하려는 것에 밑줄을 긋고 주어진 조건을 정리해 보시오.

- 직사각형의 가로: 첫째 3.2 cm, 둘째 4.8 cm, 셋째 □ cm, ⋯⋯

- 직사각형의 세로: 첫째 1.5 cm, 둘째 □ cm, 셋째 □ cm, ⋯⋯

해결 전략 직사각형의 가로와 세로가 각각 늘어나는 규칙을 찾아봅니다.

풀이

❶ **직사각형의 가로와 세로가 각각 몇 배씩 되는지 알아보기**

$4.8 \div 3.2 =$ □ (배), □ $\div 4.8 =$ □ (배)

➡ 가로가 □ 배씩 되는 규칙입니다.

□ $\div 1.5 =$ □ (배), □ $\div 3 =$ □ (배)

➡ 세로가 □ 배씩 되는 규칙입니다.

❷ **넷째 직사각형의 넓이는 몇 cm^2인지 구하기**

(넷째 직사각형의 가로) $= 7.2 \times$ □ $=$ □ (cm)

(넷째 직사각형의 세로) $= 6 \times$ □ $=$ □ (cm)

➡ (넷째 직사각형의 넓이) $=$ □ $\times$ □ $=$ □ (cm^2)

답 □ cm^2

규칙을 찾아 해결하기

1 규칙에 따라 수를 늘어놓았습니다. 다섯째 수는 얼마입니까?

| 2.5 | 1.5 | 0.9 | 0.54 | ······ |

❶ 늘어놓은 수가 몇 배씩 되는지 알아보기

❷ 다섯째 수 구하기

2 다음 나눗셈의 몫을 구할 때 몫의 소수 77째 자리 숫자를 구하시오.

15 ÷ 0.44

❶ 몫의 소수점 아래 숫자가 반복되는 규칙 찾기

❷ 몫의 소수 77째 자리 숫자 구하기

바른답·알찬풀이 08쪽

3 규칙에 따라 크기가 다른 정사각형 모양 색종이 세 장을 겹쳐 놓았습니다. 색종이의 넓이는 바로 위에 올려 놓은 색종이 넓이의 몇 배씩으로 늘어납니다. 파란색 색종이의 넓이는 $9\,cm^2$이고 노란색 색종이의 넓이는 $6\,cm^2$일 때 빨간색 색종이의 넓이는 몇 cm^2입니까?

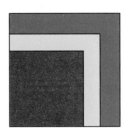

❶ 색종이의 넓이는 바로 위에 올려 놓은 색종이 넓이의 몇 배인지 알아보기

❷ 빨간색 색종이의 넓이는 몇 cm^2인지 구하기

4 규칙에 따라 나눗셈식을 늘어놓았습니다. 여섯째 식을 계산한 값을 기약분수로 나타내시오.

$$2 \div \frac{1}{2} \qquad 3 \div \frac{2}{3} \qquad 4 \div \frac{3}{4} \qquad 5 \div \frac{4}{5} \qquad \cdots\cdots$$

❶ 나누어지는 수와 나누는 수의 규칙 찾기

❷ 여섯째 식을 계산한 값을 기약분수로 나타내기

규칙을 찾아 해결하기

5 다음 나눗셈의 몫을 반올림하여 소수 21째 자리까지 나타낼 때 소수 21째 자리 숫자를 구하시오.

$$15.8 \div 3.33$$

❶ 몫의 소수점 아래 숫자가 반복되는 규칙 찾기

❷ 몫의 소수 21째 자리 숫자와 소수 22째 자리 숫자 구하기

❸ 몫을 반올림하여 소수 21째 자리까지 나타낼 때 소수 21째 자리 숫자 구하기

6 다음과 같은 규칙에 따라 큰 정사각형을 똑같은 정사각형으로 나누었습니다. 넷째 모양에서 가장 작은 정사각형 3개의 넓이의 합이 4 cm^2일 때 가장 큰 정사각형의 넓이는 몇 cm^2입니까?

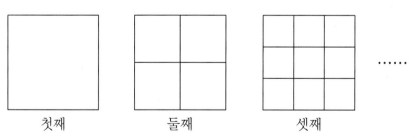

첫째   둘째   셋째

❶ 넷째 모양에서 가장 작은 정사각형은 몇 개인지 알아보기

❷ 가장 큰 정사각형의 넓이는 몇 cm^2인지 구하기

7 다음 나눗셈에서 몫의 소수 100째 자리 숫자와 200째 자리 숫자의 합을 구하시오.

$$7.3 \div 2.7$$

8 수 카드에 적힌 소수가 몇 배씩 되고 있습니다. 첫째 수 카드에 적힌 소수를 구하시오.

　　3.5　　1.4　　0.56　　……

9 다음과 같은 규칙에 따라 큰 정삼각형을 똑같은 정삼각형으로 나누었습니다. 다섯째 모양에서 가장 작은 정삼각형 4개의 넓이의 합이 $1\frac{1}{3}$ m²일 때 가장 큰 정삼각형의 넓이는 몇 m²입니까?

　　　……

첫째　　　　　　둘째　　　　　　셋째

조건을 따져 해결하기

1

★에 들어갈 수 있는 자연수를 모두 구하시오.

$$\frac{1}{3} < \frac{★}{24} \div \frac{3}{4} < \frac{1}{2}$$

문제 분석

구하려는 것에 밑줄을 긋고 주어진 조건을 정리해 보시오.

$\dfrac{★}{24} \div \dfrac{3}{4}$의 몫은 ☐ 보다 크고 ☐ 보다 작습니다.

해결 전략

먼저 $\dfrac{★}{24} \div \dfrac{3}{4}$을 간단히 나타낸 후에 수의 크기를 비교하여 ★에 들어갈 수 있는 자연수를 찾아봅니다.

풀이

❶ $\dfrac{★}{24} \div \dfrac{3}{4}$을 계산하여 간단한 분수로 나타내기

$$\frac{★}{24} \div \frac{3}{4} = \frac{★}{24} \times \boxed{} = \boxed{}$$

❷ ★ 안에 들어갈 수 있는 자연수를 모두 구하기

$$\frac{1}{3} < \frac{★}{24} \div \frac{3}{4} < \frac{1}{2} \Rightarrow \frac{1}{3} < \boxed{} < \frac{1}{2}$$

분수를 통분하여 크기를 비교해 봅니다.

$$\Rightarrow \boxed{} < \boxed{} < \boxed{}$$

따라서 ★ 안에 들어갈 수 있는 자연수를 모두 구하면 ☐ , ☐ 입니다.

답 ☐ , ☐

바른답 · 알찬풀이 09쪽

2

윤후네 아파트 엘리베이터에는 한 번에 800 kg까지 실을 수 있습니다. 윤후 아버지의 몸무게는 79.7 kg 이고 윤후의 몸무게는 49 kg입니다. 아버지와 윤후는 27.4 kg짜리 상자를 한 번에 몇 개까지 실어서 옮길 수 있습니까? (단, 엘리베이터에 아버지와 윤후도 함께 탑니다.)

문제 분석

구하려는 것에 밑줄을 긋고 주어진 조건을 정리해 보시오.

• 엘리베이터에 한 번에 실을 수 있는 총 무게: ⬚ kg

• 아버지의 몸무게: ⬚ kg   • 윤후의 몸무게: ⬚ kg

• 상자 한 개의 무게: 27.4 kg

해결 전략

• 엘리베이터에 한 번에 실을 수 있는 총 무게에서 아버지와 윤후의 몸무게를 뺀 무게만큼 더 실을 수 있습니다.

• 더 실을 수 있는 상자의 수는 (소수 , 자연수)입니다.

풀이

❶ 더 실을 수 있는 무게는 몇 kg인지 구하기

(엘리베이터에 실을 수 있는 총 무게)−(아버지의 몸무게)−(윤후의 몸무게)

= ⬚ − ⬚ − ⬚ = ⬚ (kg)

❷ 상자를 한 번에 몇 개까지 실어서 옮길 수 있는지 구하기

(더 실을 수 있는 무게)÷(상자 한 개의 무게)

= ⬚ ÷27.4= ⬚ 이므로

27.4 kg짜리 상자를 한 번에 ⬚ 개까지 실어서 옮길 수 있습니다.

답 ⬚ 개

조건을 따져 해결하기

1 다음은 인성이네 집에서 학교, 공원, 도서관까지의 거리를 나타낸 것입니다. 집에서 가장 먼 곳까지의 거리는 가장 가까운 곳까지의 거리의 몇 배인지 기약분수로 나타내시오.

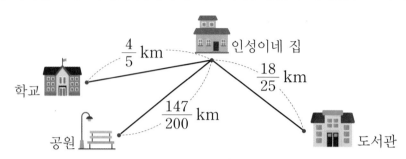

❶ 집에서 가장 먼 곳과 가장 가까운 곳 알아보기

❷ 집에서 가장 먼 곳까지의 거리는 가장 가까운 곳까지의 거리의 몇 배인지 기약분수로 나타내기

2 □ 안에 들어갈 수 있는 자연수를 모두 구하시오.

$$5.684 \div 0.35 < \square < 40.33 \div 2.18$$

❶ $5.684 \div 0.35$의 몫 구하기

❷ $40.33 \div 2.18$의 몫 구하기

❸ □ 안에 들어갈 수 있는 자연수 모두 구하기

◆ 바른답·알찬풀이 10쪽

3 다음 수 중 두 수를 골라 나눗셈식을 만들려고 합니다. 만든 나눗셈식의 가장 큰 몫을 구하시오.

$$2\frac{1}{3} \qquad 3 \qquad 1\frac{2}{5} \qquad 3\frac{1}{2} \qquad \frac{2}{3}$$

❶ 몫이 가장 크게 되도록 나누어지는 수와 나누는 수 고르기

❷ 만든 나눗셈식의 가장 큰 몫 구하기

4 들이가 100 L인 물탱크에 물이 51 L 들어 있습니다. 들이가 1.6 L인 바가지에 물을 가득 채워 물탱크에 부으려고 합니다. 이 바가지로 물탱크에 물을 가득 채우려면 물을 적어도 몇 번 더 부어야 합니까?

❶ 물탱크에 더 채워야 하는 물은 몇 L인지 구하기

❷ 바가지로 물을 적어도 몇 번 더 부어야 하는지 구하기

조건을 따져 해결하기

5 □ 안에 들어갈 수 있는 자연수는 모두 몇 개입니까?

$$0.5 < \frac{\square}{12} \div \frac{3}{4} < 1$$

❶ $\frac{\square}{12} \div \frac{3}{4}$ 을 계산하여 간단한 분수로 나타내기

❷ □ 안에 들어갈 수 있는 자연수는 모두 몇 개인지 구하기

6 4장의 수 카드 중 3장을 골라 한 번씩 사용하여 다음 나눗셈식을 만들려고 합니다. 구할 수 있는 가장 작은 몫을 기약분수로 나타내시오.

❶ 몫이 가장 작게 되도록 나누어지는 수 만들기

❷ 구할 수 있는 가장 작은 몫을 기약분수로 나타내기

바른답·알찬풀이 10쪽

7 은서와 친구들의 몸무게입니다. 가장 무거운 사람의 몸무게는 가장 가벼운 사람의 몸무게의 몇 배입니까?

> • 은서: 36.57 kg
>
> • 준희: 34 kg 500 g
>
> • 성욱: $34\frac{4}{5}$ kg

8 짐을 500 kg까지 실을 수 있는 수레가 있습니다. 이 수레에 40 kg짜리 쌀 포대가 7개 실려 있다면 12.5 kg짜리 설탕 포대를 몇 개까지 더 실을 수 있습니까?

9 5장의 수 카드를 모두 한 번씩 사용하여 다음 나눗셈식을 만들려고 합니다. 구할 수 있는 가장 큰 몫을 구하시오.

$$\boxed{1} \quad \boxed{2} \quad \boxed{8} \quad \boxed{4} \quad \boxed{9} \;\Rightarrow\; \boxed{}.\boxed{}\boxed{} \div \boxed{}.\boxed{}$$

단순화 하여 해결하기

1 길이가 37.8 m인 길의 한쪽에 처음부터 끝까지 1.26 m 간격으로 깃발을 한 개씩 세우려고 합니다. 길의 처음과 끝에도 깃발을 세운다면 필요한 깃발은 모두 몇 개 입니까? (단, 깃발의 굵기는 생각하지 않습니다.)

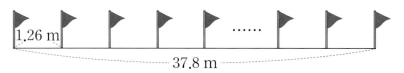

1.26 m
37.8 m

문제 분석 구하려는 것에 밑줄을 긋고 주어진 조건을 정리해 보시오.

• 길 한쪽의 길이: ☐ m   • 깃발 사이의 거리: ☐ m

해결 전략 먼저 깃발 사이의 간격이 2군데, 3군데일 경우에 세운 깃발 수를 알아봅니다.

풀이

① 깃발 사이의 간격은 몇 군데인지 구하기

(깃발 사이의 간격 수)=(길 한쪽의 길이)÷(깃발 사이의 거리)

$$= \boxed{} \div \boxed{} = \boxed{} \text{(군데)}$$

② 필요한 깃발은 모두 몇 개인지 구하기

간격이 2군데일 때

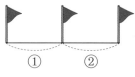

① ②

깃발 수: 2+☐=☐(개)

간격이 3군데일 때

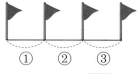

① ② ③

깃발 수: 3+☐=☐(개)

➡ 깃발 사이의 간격이 ☐군데이므로

필요한 깃발은 모두 ☐+1=☐(개)입니다.

답 ☐개

2 가 수도를 틀어 빈 수조에 물을 가득 채우는 데 3분이 걸리고, 나 수도를 틀어 같은 빈 수조에 물을 가득 채우는 데 6분이 걸립니다. 가 수도와 나 수도를 동시에 틀어서 이 수조 4개에 물을 가득 채우는 데 걸리는 시간은 몇 분입니까? (단, 두 수도에서 1분 동안 나오는 물의 양은 각각 일정합니다.)

문제 분석

구하려는 것에 밑줄을 긋고 주어진 조건을 정리해 보시오.

• 가 수도를 틀어 빈 수조에 물을 가득 채우는 데 걸리는 시간: ◻ 분

• 나 수도를 틀어 빈 수조에 물을 가득 채우는 데 걸리는 시간: ◻ 분

해결 전략

• 수조 한 개를 가득 채우는 물의 양을 1로 생각합니다.

• 빈 수조에 물을 가득 채우는 데 ■분이 걸린다면

  (1분 동안 수도에서 나오는 물 양)$= 1 \div ■ = \dfrac{1}{■}$로 나타낼 수 있습니다.

풀이

❶ 두 수도를 동시에 틀어서 1분 동안 받을 수 있는 물의 양을 기약분수로 나타내기

(가 수도에서 1분 동안 나오는 물 양)$= 1 \div$ ◻ $=$ ◻

(나 수도에서 1분 동안 나오는 물 양)$= 1 \div$ ◻ $=$ ◻

두 수도를 동시에 틀어서 1분 동안 받을 수 있는 물의 양은

◻ $+$ ◻ $=$ ◻ 입니다.

❷ 수조 4개에 물을 가득 채우는 데 몇 분이 걸리는지 구하기

두 수도를 동시에 틀어서 1분 동안 받을 수 있는 물의 양은 ◻ 이므로

두 수도를 동시에 틀어서 수조 4개에 물을 가득 채우는 데 걸리는 시간은

$4 \div$ ◻ $= 4 \times$ ◻ $=$ ◻ (분)입니다.

답 ◻ 분

단순화 하여 해결하기

1 길이가 $48\frac{3}{5}$ m인 끈을 $2\frac{7}{10}$ m씩 나누어 자르려고 합니다.
끈을 모두 몇 번 잘라야 합니까?

① 자른 끈은 모두 몇 도막이 되는지 구하기

② 끈을 모두 몇 번 잘라야 하는지 구하기

2 길이가 7.52 km인 도로의 한쪽에 처음부터 끝까지 0.04 km 간격으로 가로등을 한
개씩 설치하려고 합니다. 도로의 처음과 끝에도 가로등을 설치한다면 필요한 가로등
은 모두 몇 개입니까? (단, 가로등의 굵기는 생각하지 않습니다.)

① 가로등 사이의 간격은 몇 군데인지 구하기

② 필요한 가로등은 모두 몇 개인지 구하기

◔ 바른답 · 알찬풀이 11쪽

3 원 모양 호수 둘레에 8.4 m 간격으로 나무를 한 그루씩 심으려고 합니다. 호수의 둘레가 924 m일 때 필요한 나무는 모두 몇 그루입니까? (단, 나무의 굵기는 생각하지 않습니다.)

❶ 나무 사이의 간격은 몇 군데인지 구하기

❷ 필요한 나무는 모두 몇 그루인지 구하기

4 어떤 일을 선빈이는 5일 동안 전체의 $\frac{1}{3}$만큼 하고, 찬호는 8일 동안 전체의 $\frac{4}{5}$만큼 한다고 합니다. 이 일을 선빈이와 찬호가 처음부터 함께 한다면 모두 끝내는 데 며칠이 걸립니까? (단, 두 사람이 하루 동안 하는 일의 양은 각각 일정합니다.)

❶ 두 사람이 각각 하루 동안 하는 일의 양을 분수로 나타내기

❷ 두 사람이 함께 하루 동안 하는 일의 양을 기약분수로 나타내기

❸ 두 사람이 함께 일을 모두 끝내는 데 며칠이 걸리는지 구하기

단순화 하여 해결하기

5 은설이네 아파트 엘리베이터는 한 층을 올라가는 데 $1\frac{1}{5}$초가 걸립니다. 은설이가 1층에서 엘리베이터를 타고 집까지 올라가는 데 12초가 걸렸다면 은설이네 집은 몇 층에 있습니까? (단, 엘리베이터는 일정한 빠르기로 움직입니다.)

❶ 은설이가 엘리베이터를 타고 몇 층만큼 올라갔는지 구하기

❷ 은설이네 집은 몇 층에 있는지 구하기

6 길이가 16.2 m인 통나무를 1.8 m씩 나누어 자르려고 합니다. 통나무를 한 번 자르는 데 5분씩 걸리고, 한 번 자를 때마다 2분씩 쉰다면 통나무를 전부 자르는 데 몇 분이 걸리겠습니까? (단, 마지막에 자른 후에는 쉬지 않습니다.)

❶ 자른 통나무는 모두 몇 도막인지 구하기

❷ 통나무를 모두 몇 번 잘라야 하는지 구하기

❸ 통나무를 모두 자르는 동안 몇 번 쉬는지 구하기

❹ 통나무를 전부 자르는 데 몇 분 걸리는지 구하기

7 길이가 80 cm인 색 테이프를 $1\frac{1}{4}$ cm씩 나누어 자르려고 합니다. 색 테이프를 모두 몇 번 잘라야 합니까?

8 연주네 반은 학교 정문 앞길에 꽃을 심기로 했습니다. 길 한쪽의 길이는 59.8 m이고, 길 양쪽에 꽃을 처음부터 끝까지 2.3 m 간격으로 한 송이씩 심으려고 합니다. 꽃 한 송이의 가격이 300원일 때 꽃을 사는 데 필요한 돈은 모두 얼마입니까? (단, 길의 처음과 끝에도 꽃을 심습니다.)

9 어떤 일을 새연이가 혼자 하면 일을 모두 끝내는 데 6일이 걸리고, 새연이와 준호가 함께 하면 일을 모두 끝내는 데 4일이 걸립니다. 준호가 혼자 이 일을 전체의 $\frac{1}{4}$만큼 하는 데 며칠이 걸립니까? (단, 두 사람이 하루 동안 하는 일의 양은 각각 일정합니다.)

1 가 막대의 길이는 $5\frac{1}{3}$ m이고, 나 막대의 길이는 1.6 m입니다. 가 막대의 길이는 나 막대의 길이의 몇 배인지 기약분수로 나타내시오.

식을 만들어 해결하기

2 다음 나눗셈식에서 ㉠, ㉡, ㉢, ㉣에 알맞은 수를 각각 구하시오.

조건을 따져 해결하기

$$
\begin{array}{r}
4.\boxed{㉡} \\
3.\boxed{㉠}\,)\overline{\;1\;\;6\,.\,\boxed{㉢}\;\;2\;} \\
1\;\;4\;\;4\quad\;\; \\
\hline
2\;\;\boxed{㉣}\;\;2 \\
2\;\;5\;\;2 \\
\hline
0 \\
\end{array}
$$

3 다음 나눗셈의 몫을 구할 때 몫의 소수 100째 자리 숫자를 구하시오.

규칙을 찾아 해결하기

$$1.2 \div 0.33$$

바른답 · 알찬풀이 13쪽

4 굵기가 일정한 철근 4.38 m의 무게가 3.65 kg입니다. 이 철근 2 kg의 길이는 몇 m입니까?

5 막대를 수영장 바닥과 수직이 되게 세웠더니 막대 길이의 $\frac{1}{5}$만큼이 물 밖으로 나왔습니다. 수영장 물의 깊이가 $1\frac{7}{9}$ m일 때 막대의 길이는 몇 m인지 기약분수로 나타내시오.

6 준서는 젤리 한 봉지를 사서 전체의 $\frac{1}{4}$을 친구에게 주고, 나머지의 $\frac{5}{6}$를 먹었습니다. 준서가 먹은 젤리가 15개라면 한 봉지에 들어 있는 젤리는 모두 몇 개입니까?

7 $760\frac{2}{5}$ kg까지 실을 수 있는 케이블카가 있습니다. 이 케이블카에는 몸무게가 60.2 kg인 사람이 몇 명까지 탈 수 있습니까?

조건을 따져 해결하기

조건을 따져 해결하기

8 □ 안에 들어갈 수 있는 자연수를 모두 구하시오.

$$4\frac{4}{5} \div \frac{3}{8} < \square < 33.22 \div 2.2$$

바른답·알찬풀이 13쪽

식을 만들어 해결하기

9 우유가 2 L 들어 있는 병의 무게를 재었더니 3 kg이었습니다. 우유를 0.7 L만큼 마신 후 다시 무게를 재었더니 2.23 kg이었습니다. 빈 병의 무게는 몇 g입니까?

단순화하여 해결하기

10 가로가 $52\frac{1}{2}$ m, 세로가 $31\frac{1}{2}$ m인 직사각형 모양 울타리에 3.5 m 간격으로 기둥을 한 개씩 세우려고 합니다. 울타리의 각 꼭짓점에 모두 기둥을 세운다면 필요한 기둥은 모두 몇 개입니까? (단, 기둥의 굵기는 생각하지 않습니다.)

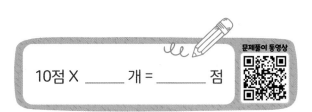

10점 X _____ 개 = _____ 점

문제풀이 동영상

❶ 수·연산 49

1 오른쪽은 넓이가 $45\frac{1}{2}$ cm²인 직사각형입니다. 이 직사각형의 짧은 변은 몇 cm입니까?

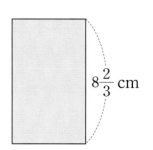

$8\frac{2}{3}$ cm

2 밤을 다홍이네 농장에서는 82.5 kg만큼 수확하였고, 승호네 농장에서는 81.2 kg만큼 수확하였습니다. 수확한 밤을 다홍이는 한 자루에 3.3 kg씩, 승호는 한 자루에 2.8 kg씩 나누어 담았다면 밤을 담은 자루는 누가 몇 자루 더 많습니까?

3 아버지와 어머니의 몸무게의 합은 상훈이와 누나의 몸무게의 합의 몇 배인지 구하시오.

아버지	어머니	상훈	누나
75.2 kg	54.24 kg	35.2 kg	45.7 kg

바른답 • 알찬풀이 15쪽

4 4장의 수 카드 중 2장을 골라 한 번씩 사용하여 다음 나눗셈식을 만들려고 합니다. 구할 수 있는 가장 큰 몫을 기약분수로 나타내시오.

5 ▲ − ■의 값을 구하시오.

$$\blacksquare \times 3.34 = 0.835 \qquad \blacktriangle \times 0.5 = \blacksquare$$

6 길이가 $22\frac{1}{2}$ cm인 리본을 4번 잘라서 같은 길이의 도막 여러 개로 나누었습니다. 잘라 만든 리본 한 도막을 겹치지 않게 이어 붙여 한 변의 길이가 $\frac{3}{4}$ cm인 정다각형을 만들려고 합니다. 만들 수 있는 정다각형의 이름을 쓰시오.

7 휘발유 1.2 L로 16.08 km를 갈 수 있는 자동차가 있습니다. 휘발유 1 L의 가격이 2100원일 때 이 자동차로 33.5 km 떨어진 곳까지 가는 데 필요한 휘발유의 값은 얼마입니까?

8 다음 나눗셈의 몫을 반올림하여 소수 35째 자리까지 나타낼 때 소수 35째 자리 숫자를 구하시오.

$$60 \div 11$$

바른답·알찬풀이 15쪽

9 가 수도를 틀어 빈 욕조에 물을 가득 채우는 데 8분이 걸리고, 나 수도를 틀어 같은 빈 욕조에 물을 $\frac{1}{2}$ 만큼 채우는 데 6분이 걸립니다. 가 수도와 나 수도를 동시에 틀어서 이 욕조 5개에 물을 가득 채우는 데 몇 분이 걸립니까? (단, 두 수도에서 1분 동안 나오는 물의 양은 각각 일정합니다.)

10 호연이가 넓이가 93.8 m²인 벽면을 페인트로 칠하려고 합니다. 넓이가 7.2 m²인 벽면을 칠하는 데 페인트가 1.8 L 필요하다고 합니다. 한 통에 들어 있는 페인트의 양이 1.4 L일 때 페인트는 적어도 몇 통 필요합니까?

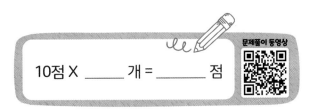

10점 X _____ 개 = _____ 점

2장 도형·측정

" 학습 계획 세우기 "

	익히기	적용하기	
식을 만들어 해결하기	☐ 58~59쪽 월 일	☐ 60~61쪽 월 일	☐ 62~63쪽 월 일
그림을 그려 해결하기	☐ 64~65쪽 월 일	☐ 66~67쪽 월 일	☐ 68~69쪽 월 일
조건을 따져 해결하기	☐ 70~71쪽 월 일	☐ 72~73쪽 월 일	☐ 74~75쪽 월 일
단순화하여 해결하기	☐ 76~77쪽 월 일	☐ 78~79쪽 월 일	☐ 80~81쪽 월 일

마무리 1회	마무리 2회
☐ 82~85쪽 월 일	☐ 86~89쪽 월 일

도형·측정 시작하기

1 원 모양 접시의 원주율을 구하려고 합니다. ☐ 안에 알맞은 수를 써넣으시오.

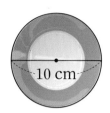
10 cm

접시의 둘레: 31.4 cm

(원주율)= ☐ ÷ 10 = ☐

2 원기둥을 보고 ☐ 안에 알맞은 말을 써넣으시오.

• 색칠한 두 면을 ☐ 이라고 합니다.

• 색칠한 두 면과 만나는 면을 ☐ 이라고 합니다.

3 쌓기나무로 쌓은 모양을 위에서 본 모양으로 알맞은 것끼리 선으로 이으시오.

 · ·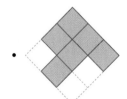

 · ·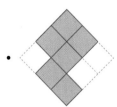

4 원기둥의 전개도를 찾아 기호를 쓰시오.

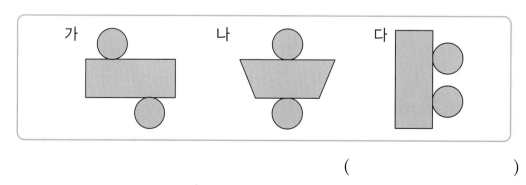
가　　　　나　　　　다

(　　　　　　　)

5 원기둥, 원뿔, 구로 분류하려고 합니다. 빈칸에 알맞은 기호를 써넣으시오.

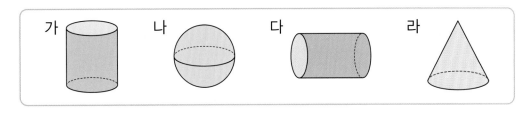

원기둥	원뿔	구

6 쌓기나무로 쌓은 모양을 보고 위에서 본 모양을 그린 것입니다. 앞과 옆에서 본 모양을 각각 그려 보시오.

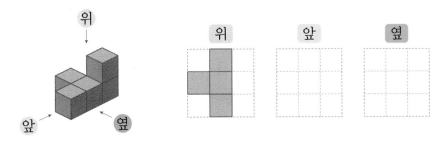

7 원의 넓이는 몇 cm²입니까? (원주율: 3.1)

4 cm

(   )

8 주어진 모양과 똑같이 쌓으려면 쌓기나무가 몇 개 필요합니까?

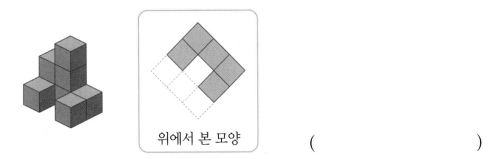

위에서 본 모양

(   )

식을 만들어 해결하기

1 현지와 승호가 쌓기나무를 쌓아 다음과 같은 모양을 만들었습니다. 누가 쌓기나무를 몇 개 더 많이 사용하였습니까?

현지

위에서 본 모양

승호

위에서 본 모양

문제 분석 구하려는 것에 밑줄을 긋고 주어진 조건을 정리해 보시오.

현지와 승호가 쌓기나무를 쌓아 만든 모양

해결 전략
• 위에서 본 모양은 (1층 , 2층 , 3층)에 쌓은 모양과 같습니다.
• 쌓기나무 수를 층별로 세어 봅니다.

풀이

❶ 현지가 사용한 쌓기나무는 몇 개인지 구하기

1층에 5개, 2층에 ☐개, 3층에 ☐개를 쌓았습니다.

➡ (쌓기나무 수)=5+☐+☐=☐(개)

❷ 승호가 사용한 쌓기나무는 몇 개인지 구하기

1층에 ☐개, 2층에 ☐개를 쌓았습니다.

➡ (쌓기나무 수)=☐+☐=☐(개)

❸ 누가 쌓기나무를 몇 개 더 많이 사용하였는지 구하기

☐개>☐개이므로 (현지 , 승호)가 쌓기나무를

☐−☐=☐(개) 더 많이 사용하였습니다.

답 ☐ , ☐개

바른답·알찬풀이 17쪽

2 넓이가 251.1 cm²인 원 모양의 거울이 있습니다. 이 거울의 둘레는 몇 cm입니까? (원주율: 3.1)

문제 분석 구하려는 것에 밑줄을 긋고 주어진 조건을 정리해 보시오.

- 원 모양 거울의 넓이: ⬚ cm²

- 원주율: ⬚

해결 전략

- (원의 넓이)=(반지름)×(⬚)×(원주율)을 이용하여 거울의 반지름을 구합니다.

- (원주)=(⬚)×(원주율)을 이용하여 거울의 둘레를 구합니다.

풀이

❶ 거울의 반지름은 몇 cm인지 구하기

거울의 반지름을 ■ cm라 하면

(거울의 넓이)=■×■×⬚=⬚ (cm²)이므로

■×■=⬚, ■=⬚ (cm)입니다.

❷ 거울의 둘레는 몇 cm인지 구하기

거울의 반지름이 ⬚ cm이므로 거울의 지름은 ⬚ cm입니다.

➡ (거울의 둘레)=(거울의 지름)×(원주율)

=⬚×⬚=⬚ (cm)

답 ⬚ cm

식을 만들어 해결하기

1 지름이 62 cm인 타이어를 일직선으로 4바퀴 굴렸습니다. 타이어가 4바퀴 굴러간 거리는 몇 cm입니까? (원주율: 3)

① 타이어가 한 바퀴 굴러간 거리는 몇 cm인지 구하기

② 타이어가 4바퀴 굴러간 거리는 몇 cm인지 구하기

2 반지름이 15 cm인 원 모양 피자 한 판을 6명이 똑같이 나누어 먹었습니다. 한 사람이 먹은 피자의 넓이는 몇 cm²입니까?

(원주율: 3.1)

15 cm

① 피자 한 판의 넓이는 몇 cm²인지 구하기

② 한 사람이 먹은 피자의 넓이는 몇 cm²인지 구하기

3 고은이는 쌓기나무를 12개 가지고 있었습니다. 다음과 같은 모양으로 쌓기나무를 쌓았다면 남은 쌓기나무는 몇 개입니까?

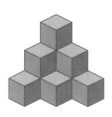

위에서 본 모양

❶ 쌓은 쌓기나무는 몇 개인지 구하기

❷ 남은 쌓기나무는 몇 개인지 구하기

4 오른쪽 전개도로 만들 수 있는 원기둥의 한 밑면의 넓이는 몇 cm²입니까? (원주율: 3)

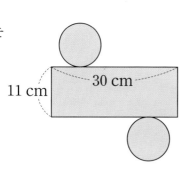

11 cm   30 cm

❶ 밑면의 반지름은 몇 cm인지 구하기

❷ 한 밑면의 넓이는 몇 cm²인지 구하기

식을 만들어 해결하기

5 쌓은 모양을 위에서 본 모양의 각 자리에 쌓은 쌓기나무의 수를 쓴 것입니다. 2층 이상에 쌓은 쌓기나무는 모두 몇 개입니까?

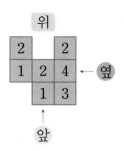

❶ 모양을 쌓는 데 사용한 쌓기나무는 모두 몇 개인지 구하기

❷ 1층에 쌓은 쌓기나무는 몇 개인지 구하기

❸ 2층 이상에 쌓은 쌓기나무는 모두 몇 개인지 구하기

6 원 가의 넓이는 254.34 cm²입니다. 원 나의 반지름이 원 가의 반지름의 $\frac{2}{3}$일 때 원 나의 원주는 몇 cm입니까? (원주율: 3.14)

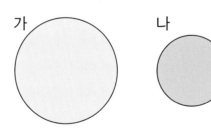

❶ 원 가의 반지름은 몇 cm인지 구하기

❷ 원 나의 반지름은 몇 cm인지 구하기

❸ 원 나의 원주는 몇 cm인지 구하기

7 다음과 같이 쌓은 모양에 쌓기나무를 더 쌓아서 가장 작은 정육면체를 만들려고 합니다. 더 필요한 쌓기나무는 몇 개입니까?

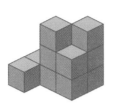

위에서 본 모양

8 해인이가 통조림 캔을 눕혀서 3바퀴 굴렸습니다. 캔이 3바퀴 굴러간 거리가 65.1 cm일 때 캔의 밑면의 지름은 몇 cm입니까? (원주율: 3.1)

9 다율이는 미술 시간에 둘레가 42 cm인 원 모양 색상지의 $\frac{3}{7}$만큼을 사용하여 만들기를 하였습니다. 다율이가 사용한 색상지의 넓이는 몇 cm²입니까? (원주율: 3)

그림을 그려 해결하기

1 오른쪽은 어떤 평면도형 모양 종이를 한 변을 기준으로 한 바퀴 돌려서 만든 입체도형입니다. 돌리기 전 평면도형 모양 종이의 넓이는 몇 cm²입니까?

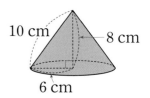

문제 분석

구하려는 것에 밑줄을 긋고 주어진 조건을 정리해 보시오.

• 어떤 평면도형 모양 종이를 한 변을 기준으로 한 바퀴 돌려서 만든 (원기둥 , 원뿔)입니다.

• 입체도형의 높이: ☐ cm

• 입체도형의 모선의 길이: 10 cm

• 입체도형의 밑면의 반지름: ☐ cm

해결 전략

어떤 평면도형을 돌려야 주어진 입체도형을 만들 수 있는지 그림을 그려 알아봅니다.

풀이

❶ 돌리기 전 평면도형 모양 종이 그리기

돌리기 전 평면도형 모양 종이를 왼쪽에 그려 봅니다.

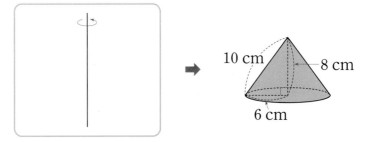

❷ 돌리기 전 평면도형 모양 종이의 넓이는 몇 cm²인지 구하기

밑변의 길이가 ☐ cm, 높이가 ☐ cm인 (직사각형 , 직각삼각형)

이므로 넓이는 6 × ☐ ÷ ☐ = ☐ (cm²)입니다.

답 ☐ cm²

2 오른쪽 원기둥의 옆면의 넓이는 몇 cm²입니까? (원주율: 3)

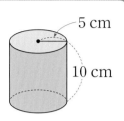

5 cm
10 cm

문제 분석 구하려는 것에 밑줄을 긋고 주어진 조건을 정리해 보시오.

• 원기둥의 밑면의 반지름: ☐ cm

• 원기둥의 높이: ☐ cm

해결 전략 • 주어진 원기둥의 전개도를 그린 후 옆면의 가로와 세로를 알아봅니다.

• 옆면의 가로는 한 밑면의 (지름 , 둘레)와 같고, 옆면의 세로는 원기둥의 높이와 같습니다.

풀이 ❶ 원기둥의 옆면의 가로와 세로는 각각 몇 cm인지 구하기

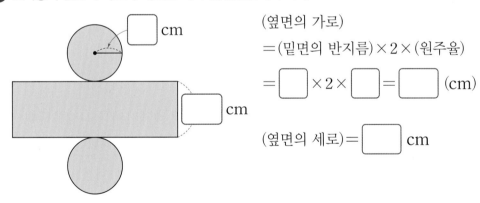

☐ cm

☐ cm

(옆면의 가로)
=(밑면의 반지름)×2×(원주율)
=☐×2×☐=☐ (cm)

(옆면의 세로)=☐ cm

❷ 원기둥의 옆면의 넓이는 몇 cm²인지 구하기

(원기둥의 옆면의 넓이)=(옆면의 가로)×(옆면의 세로)
=☐×☐=☐ (cm²)

답 ☐ cm²

그림을 그려 해결하기

1 가로가 40 cm, 세로가 30 cm인 직사각형 모양의 도화지가 있습니다. 이 도화지 안에 그릴 수 있는 가장 큰 원의 원주는 몇 cm입니까? (원주율: 3.14)

❶ 직사각형 모양의 도화지 안에 그릴 수 있는 가장 큰 원 그리기

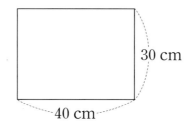

❷ 도화지 안에 그릴 수 있는 가장 큰 원의 원주는 몇 cm인지 구하기

2 오른쪽은 어떤 평면도형 모양 종이를 한 변을 기준으로 한 바퀴 돌려서 만든 입체도형입니다. 돌리기 전 평면도형 모양 종이의 넓이는 몇 cm²입니까? (원주율: 3)

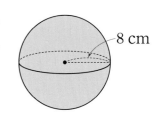

❶ 돌리기 전 평면도형 모양 종이 그리기

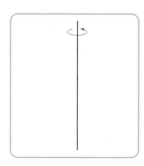

❷ 돌리기 전 평면도형 모양 종이의 넓이는 몇 cm²인지 구하기

바른답·알찬풀이 **19**쪽

3 오른쪽과 같이 쌓기나무를 직육면체 모양으로 쌓고, 바깥쪽 면을 모두 색칠했습니다. 세 면이 색칠되는 쌓기나무는 모두 몇 개입니까? (단, 바닥에 닿는 면도 색칠합니다.)

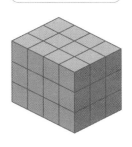

❶ 세 면이 색칠되는 쌓기나무를 모두 찾아 ◯표 하기

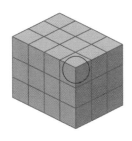

❷ 세 면이 색칠되는 쌓기나무는 모두 몇 개인지 구하기

4 오른쪽 원기둥을 위와 앞에서 본 모양의 둘레는 각각 몇 cm입니까? (원주율: 3.1)

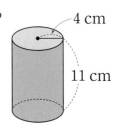

❶ 위에서 본 모양의 둘레는 몇 cm인지 구하기

❷ 앞에서 본 모양의 둘레는 몇 cm인지 구하기

그림을 그려 해결하기

5 쌓은 모양을 위에서 본 모양의 각 자리에 쌓은 쌓기나무의 수를 쓴 것입니다. 쌓은 모양을 앞과 옆에서 본 모양을 각각 그려 보시오.

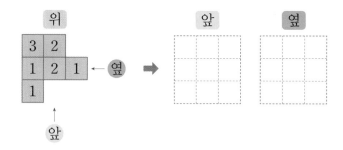

❶ 앞에서 본 모양 그리기

❷ 옆에서 본 모양 그리기

6 가로가 18 cm, 세로가 20 cm인 직사각형 모양 종이에 밑면의 지름이 6 cm인 원기둥의 전개도를 그리려고 합니다. 원기둥의 높이를 최대한 높게 그리려면 원기둥의 높이를 몇 cm로 해야 합니까? (원주율: 3)

❶ 원기둥의 한 밑면의 둘레는 몇 cm인지 구하기

❷ 직사각형 모양 종이에 원기둥의 전개도 그리기

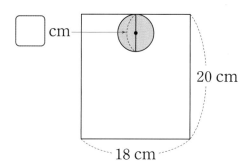

❸ 원기둥의 높이를 몇 cm로 해야 하는지 구하기

바른답·알찬풀이 20쪽

7 오른쪽과 같은 평면도형 모양 종이를 한 변을 기준으로 한 바퀴 돌려 입체도형을 만들었습니다. 만든 입체도형을 위에서 본 모양의 넓이는 몇 cm²입니까? (원주율: 3.1)

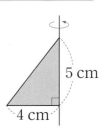

8 오른쪽과 같이 뚜껑이 없는 원기둥 모양 물컵의 겉면을 색칠했습니다. 바닥에 닿는 면도 색칠했을 때 색칠한 부분의 넓이는 모두 몇 cm²입니까? (원주율: 3)

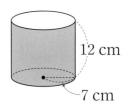

9 혜리와 수혁이가 각각 어떤 평면도형 모양 종이를 한 변을 기준으로 한 바퀴 돌려 만든 입체도형입니다. 돌리기 전 두 평면도형 모양 종이의 넓이가 같다면 수혁이가 만든 입체도형의 높이는 몇 cm입니까?

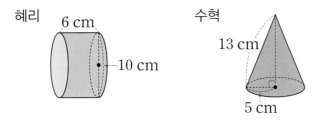

조건을 따져 해결하기

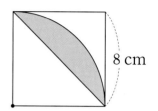

1 오른쪽은 정사각형 안에 원의 일부를 그린 도형입니다.
색칠한 부분의 넓이는 몇 cm²입니까? (원주율: 3)

8 cm

문제 분석 구하려는 것에 밑줄을 긋고 주어진 조건을 정리해 보시오.

• 정사각형의 한 변의 길이: ☐ cm   • 그린 원의 반지름: ☐ cm

해결 전략 색칠한 부분의 넓이를 두 부분의 넓이의 차로 나타내 봅니다.

풀이

❶ 색칠한 부분의 넓이를 두 부분의 넓이의 차로 나타내기

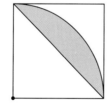 = ⊙ 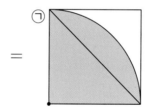 − ⊙ 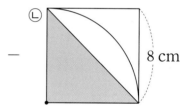 8 cm

❷ ⊙과 ⊙의 넓이는 각각 몇 cm²인지 구하기

⊙은 반지름이 ☐ cm인 원의 $\frac{1}{4}$입니다.

➡ (⊙의 넓이)= ☐ × ☐ × 3 ÷ 4 = ☐ (cm²)

⊙은 밑변의 길이와 높이가 각각 ☐ cm인 직각삼각형입니다.

➡ (⊙의 넓이)= ☐ × ☐ ÷ 2 = ☐ (cm²)

❸ 색칠한 부분의 넓이는 몇 cm²인지 구하기

(색칠한 부분의 넓이)=(⊙의 넓이)−(⊙의 넓이)

= ☐ − ☐ = ☐ (cm²)

답 ☐ cm²

2

소윤이가 쌓기나무로 쌓은 모양을 위, 앞, 옆에서 본 모양입니다. 소윤이가 모양을 쌓는 데 사용한 쌓기나무는 모두 몇 개입니까?

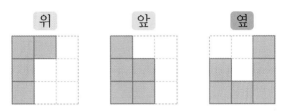

문제 분석

구하려는 것에 밑줄을 긋고 주어진 조건을 정리해 보시오.

쌓은 쌓기나무를 위, 앞, 옆에서 본 모양

해결 전략

위, 앞, 옆에서 본 모양을 보고 위에서 본 모양의 각 자리에 쌓은 쌓기나무의 수를 써넣어 사용한 쌓기나무의 수를 구합니다.

풀이

❶ 각 자리에 쌓은 쌓기나무 수 알아보기

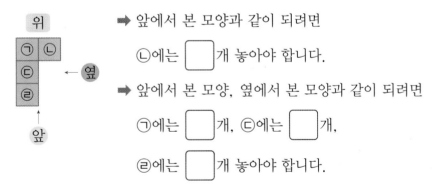

➡ 앞에서 본 모양과 같이 되려면

ⓛ에는 ☐개 놓아야 합니다.

➡ 앞에서 본 모양, 옆에서 본 모양과 같이 되려면

㉠에는 ☐개, ㉢에는 ☐개,

㉣에는 ☐개 놓아야 합니다.

❷ 사용한 쌓기나무는 모두 몇 개인지 구하기

(사용한 쌓기나무 수) = ☐ + ☐ + ☐ + ☐ = ☐(개)

㉠, ㉡, ㉢, ㉣에 각각 놓은 쌓기나무 수

답

☐개

조건을 따져 해결하기

1 다음 중 크기가 가장 작은 원을 찾아 기호를 쓰시오. (원주율: 3.1)

> ㉠ 원주가 80.6 cm인 원
>
> ㉡ 지름이 28 cm인 원
>
> ㉢ 넓이가 446.4 cm²인 원

❶ 원의 지름은 각각 몇 cm인지 구하기

❷ 크기가 가장 작은 원의 기호 쓰기

2 오른쪽은 정사각형 안에 원의 일부를 그린 도형입니다. 색칠한 부분의 둘레는 몇 cm입니까? (원주율: 3)

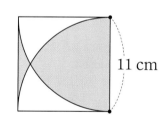

11 cm

❶ 색칠한 부분의 둘레에서 직선 부분은 몇 cm인지 구하기

❷ 색칠한 부분의 둘레에서 곡선 부분은 몇 cm인지 구하기

❸ 색칠한 부분의 둘레는 몇 cm인지 구하기

● 바른답 • 알찬풀이 21쪽

3 위, 앞, 옆에서 본 모양이 다음과 같도록 쌓기나무를 쌓으려고 합니다. 쌓기나무를 가장 적게 쌓은 경우에 쌓은 쌓기나무는 몇 개입니까?

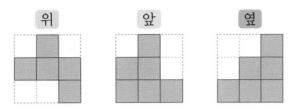

① 위에서 본 모양의 각 자리에 쌓은 쌓기나무 수 써넣기

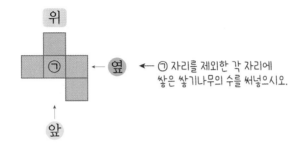

㉠ 자리를 제외한 각 자리에 쌓은 쌓기나무의 수를 써넣으시오.

② ㉠ 자리에 쌓을 수 있는 쌓기나무 수 알아보기

③ 쌓기나무를 가장 적게 쌓은 경우에 쌓은 쌓기나무는 몇 개인지 구하기

4 오른쪽 도형은 지름이 24 cm인 반원과 직각삼각형 ㄱㄴㄷ을 겹쳐 놓은 것입니다. 색칠한 두 부분의 넓이가 같을 때 변 ㄱㄷ의 길이는 몇 cm입니까? (원주율: 3.14)

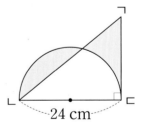

24 cm

① 직각삼각형의 넓이와 반원의 넓이는 각각 몇 cm²인지 구하기

② 변 ㄱㄷ의 길이는 몇 cm인지 구하기

조건을 따져 해결하기

5 오른쪽은 쌓기나무 6개로 쌓은 모양을 위에서 본 모양입니다. 이와 같이 쌓기나무 6개를 쌓아 만든 모양 중에서 앞에서 본 모양이 서로 다른 경우는 모두 몇 가지입니까?

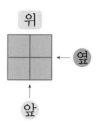

① 쌓기나무 6개로 쌓을 수 있는 경우 모두 알아보기

위에서 본 모양의
각 자리에 쌓은
쌓기나무의 수를
써넣으시오.

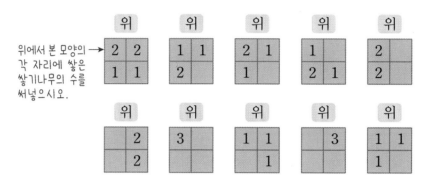

② 쌓기나무 6개로 쌓은 모양 중 앞에서 본 모양이 서로 다른 경우는 모두 몇 가지인지 구하기

6 다음 조건에 알맞은 원기둥의 밑면의 반지름은 몇 cm입니까? (원주율: 3)

- 원기둥의 밑면의 지름과 높이는 같습니다.
- 원기둥의 전개도에서 옆면의 둘레는 64 cm입니다.

① 밑면의 지름은 몇 cm인지 구하기

② 밑면의 반지름은 몇 cm인지 구하기

바른답 • 알찬풀이 22쪽

7 위, 앞, 옆에서 본 모양이 다음과 같도록 쌓기나무를 쌓으려고 합니다. 쌓기나무를 가장 많이 쌓은 경우에 쌓은 쌓기나무는 몇 개입니까?

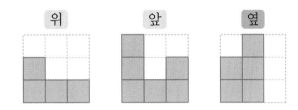

8 오른쪽 원기둥 모양 롤러는 한 밑면의 둘레와 높이가 모두 15 cm입니다. 롤러의 옆면에 페인트를 묻힌 후 4바퀴 굴릴 때 페인트를 칠한 부분의 넓이는 모두 몇 cm²입니까? (단, 롤러가 여러 번 굴러도 구른 곳은 모두 페인트가 칠해집니다.)

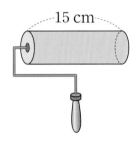

9 오른쪽은 쌓기나무 5개로 쌓은 모양을 위에서 본 모양입니다. 이와 같이 쌓기나무 5개를 쌓아 만든 모양 중에서 앞에서 본 모양이 서로 다른 경우는 모두 몇 가지입니까?

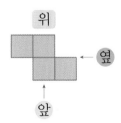

단순화하여 해결하기

1 오른쪽 도형에서 색칠한 부분의 넓이는 몇 cm²입니까?
(원주율: 3.14)

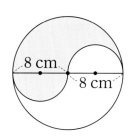

문제 분석 구하려는 것에 밑줄을 긋고 주어진 조건을 정리해 보시오.

• 큰 원 안에 작은 반원을 그린 도형입니다.

• 큰 원의 반지름: ☐ cm

해결 전략 색칠한 부분 중 일부를 옮겨 넓이를 구하기 쉬운 도형으로 만들어 봅니다.

풀이 ❶ 색칠한 부분의 일부를 옮겨서 넓이를 구하기 쉬운 도형으로 나타내기

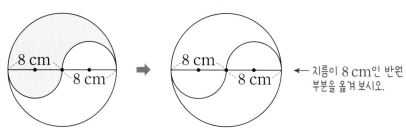

지름이 8 cm인 반원 부분을 옮겨 보시오.

색칠한 부분의 넓이는 반지름이 ☐ cm인 반원의 넓이와 같습니다.

❷ 색칠한 부분의 넓이는 몇 cm²인지 구하기

(색칠한 부분의 넓이)＝ ☐ × ☐ × ☐ ÷ ☐

＝ ☐ (cm²)

답 ☐ cm²

바른답·알찬풀이 23쪽

2 왼쪽 정육면체 모양에서 쌓기나무를 몇 개 빼내었더니 오른쪽 모양이 되었습니다. 빼낸 쌓기나무는 모두 몇 개입니까?

 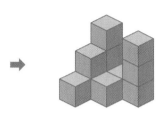 

위에서 본 모양

문제 분석 구하려는 것에 밑줄을 긋고 주어진 조건을 정리해 보시오.

- 왼쪽은 정육면체 모양입니다.
- 오른쪽은 왼쪽 모양에서 쌓기나무를 몇 개 빼내어 만든 모양입니다.

해결 전략 처음 모양의 각 자리에서 쌓기나무를 각각 몇 개씩 빼냈는지 알아봅니다.

풀이 ❶ 처음 모양의 각 자리에서 빼낸 쌓기나무의 수 알아보기

위에서 본 모양

㉠에서 0개, ㉡에서 1개, ㉢에서 2개, ㉣에서 2개,

㉤에서 ☐개, ㉥에서 ☐개, ㉦에서 0개,

㉧에서 ☐개, ㉨에서 ☐개를 빼내었습니다.

❷ 빼낸 쌓기나무는 모두 몇 개인지 구하기

(빼낸 쌓기나무 수)=1+2+2+☐+☐+☐+☐=☐(개)

㉤, ㉥, ㉧, ㉨에서 각각 빼낸 쌓기나무 수

답 ☐개

단순화 하여 해결하기

1 밑면의 지름이 6 cm인 원기둥 모양 음료수 캔 4개를 오른쪽과 같이 테이프로 한 번 둘렀습니다. 사용한 테이프의 길이는 적어도 몇 cm입니까? (원주율: 3.1)

❶ 사용한 테이프에서 직선 부분은 몇 cm인지 구하기

❷ 사용한 테이프에서 곡선 부분은 몇 cm인지 구하기

❸ 사용한 테이프의 길이는 적어도 몇 cm인지 구하기

2 오른쪽과 같이 직육면체 모양으로 쌓기나무를 쌓을 때 세 면에서 보이는 파란색 쌓기나무를 보이는 면과 반대쪽까지 한 줄로 이어지도록 쌓았습니다. 이 직육면체 모양을 만드는 데 사용한 파란색 쌓기나무는 모두 몇 개입니까?

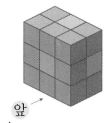

앞↗

❶ 쌓은 모양을 층별로 나타낸 모양에 파란색 쌓기나무가 있는 곳 모두 찾아 ○표 하기

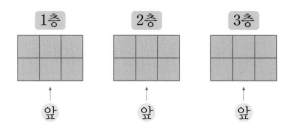

❷ 파란색 쌓기나무는 모두 몇 개인지 구하기

🔻 바른답・알찬풀이 23쪽

3 오른쪽 도형에서 색칠한 부분의 넓이는 몇 cm^2입니까?

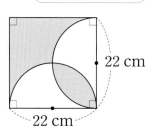

22 cm

22 cm

❶ 색칠한 부분의 일부를 옮겨서 넓이를 구하기 쉬운 도형으로 나타내기

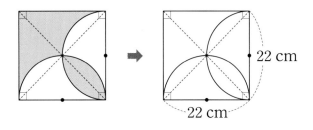

22 cm

22 cm

❷ 색칠한 부분의 넓이는 몇 cm^2인지 구하기

4 다음 도형에서 모든 원의 반지름은 9 cm로 같고, 사각형의 꼭짓점은 각 원의 중심입니다. 색칠한 부분의 넓이의 합은 몇 cm^2입니까? (원주율: 3)

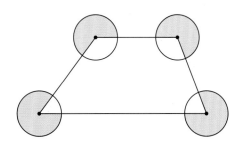

❶ 원 4개에서 색칠하지 않은 부분의 넓이의 합은 원 몇 개의 넓이와 같은지 알아보기

❷ 색칠한 부분의 넓이의 합은 몇 cm^2인지 구하기

단순화하여 해결하기

5 원기둥 모양 상자를 오른쪽과 같이 리본으로 둘러쌌습니다.
사용한 리본의 길이는 적어도 몇 cm입니까?

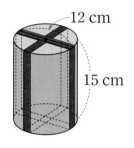

① 사용한 리본에서 길이가 12 cm인 부분은 몇 군데인지 구하기

② 사용한 리본에서 길이가 15 cm인 부분은 몇 군데인지 구하기

③ 사용한 리본의 길이는 적어도 몇 cm인지 구하기

6 민아가 마라톤 대회를 준비하기 위해 운동장 둘레를 10바퀴 달렸습니다. 운동장의 모양이 다음과 같을 때 민아가 달린 거리는 모두 몇 km 몇 m입니까? (원주율: 3.14)

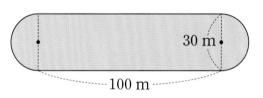

① 운동장의 둘레는 몇 m인지 구하기

② 민아가 달린 거리는 몇 km 몇 m인지 구하기

바른답·알찬풀이 24쪽

7 오른쪽 도형에서 색칠한 부분의 넓이는 몇 cm²입니까?
(원주율: 3)

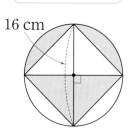

16 cm

8 오른쪽과 같이 직육면체 모양으로 쌓기나무를 쌓을 때 세 면에서 보이는 초록색 쌓기나무를 보이는 면과 반대쪽까지 한 줄로 이어지도록 쌓았습니다. 이 직육면체 모양을 만드는 데 사용한 초록색 쌓기나무는 모두 몇 개입니까?

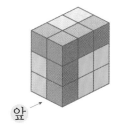

앞

9 다음 도형에서 모든 원의 반지름은 10 cm로 같고, 삼각형의 꼭짓점은 각 원의 중심입니다. 색칠한 부분의 넓이의 합은 몇 cm²입니까? (원주율: 3.1)

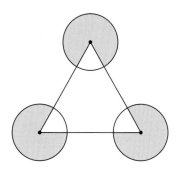

식을 만들어 해결하기

1 지성이가 학교에서 도서관까지의 거리를 지름이 0.4 m인 원 모양의 바퀴 자로 재어 보았습니다. 바퀴가 160바퀴 굴렀다면 학교에서 도서관까지의 거리는 몇 m입니까? (원주율: 3)

식을 만들어 해결하기

2 가 모양과 나 모양을 만드는 데 사용한 쌓기나무 수의 차는 몇 개입니까?

가

위에서 본 모양

나

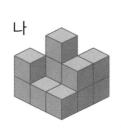

위에서 본 모양

식을 만들어 해결하기

3 오른쪽과 같이 크기가 다른 원 두 개를 겹치지 않게 이어 붙였습니다. 두 원의 넓이의 차는 몇 cm²입니까? (원주율: 3.14)

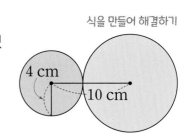

4 cm

10 cm

바른답 • 알찬풀이 25쪽

단순화하여 해결하기

4 오른쪽 도형은 한 변의 길이가 4 cm인 정삼각형의 한 꼭짓점을 원의 중심으로 하여 원의 일부분을 그린 것입니다. 이 도형의 넓이는 몇 cm²입니까? (원주율: 3)

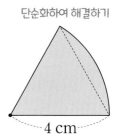

4 cm

단순화하여 해결하기

5 왼쪽 직육면체 모양에서 쌓기나무를 몇 개 빼내었더니 오른쪽 모양이 되었습니다. 빼낸 쌓기나무는 모두 몇 개입니까?

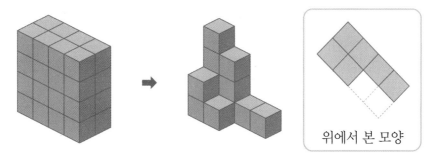

위에서 본 모양

식을 만들어 해결하기

6 오른쪽 원기둥의 한 밑면의 넓이는 198.4 cm²입니다. 이 원기둥의 옆면의 넓이는 몇 cm²입니까? (원주율: 3.1)

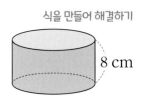

8 cm

그림을 그려 해결하기

7 원기둥 ㉠을 앞에서 본 모양의 둘레와 구 ㉡을 앞에서 본 모양의 둘레가 같습니다. 원기둥 ㉠의 높이는 몇 cm입니까? (원주율: 3)

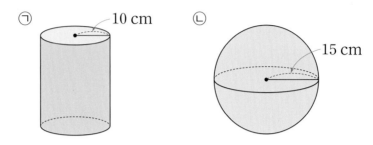

㉠   10 cm

㉡   15 cm

조건을 따져 해결하기

8 다음 도형에서 색칠한 부분의 넓이는 몇 cm^2입니까? (원주율: 3)

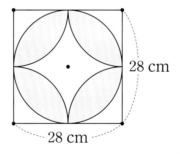

28 cm

28 cm

단순화하여 해결하기

9 밑면의 지름이 10 cm인 원기둥 모양 통조림 6개를 다음과 같이 끈으로 한 번 두르려고 합니다. 필요한 끈의 길이는 적어도 몇 cm입니까? (원주율: 3.14)

조건을 따져 해결하기

10 채윤이가 피자를 주문하기 위해 두 피자 가게에서 파는 피자 한 판의 반지름과 가격을 비교하고 있습니다. 두 가게에서 파는 피자의 종류와 맛, 두께가 같을 때 어느 가게의 피자를 사 먹는 것이 더 이익입니까? (원주율: 3)

가

반지름: 15 cm

나

반지름: 17 cm

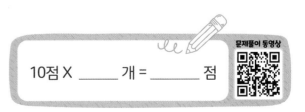

10점 X _____ 개 = _____ 점

문제풀이 동영상

1 다음 직사각형 안에 그릴 수 있는 가장 큰 원의 넓이는 몇 cm²입니까? (원주율: 3.14)

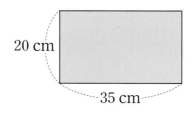

20 cm

35 cm

2 쌓은 모양을 위에서 본 모양의 각 자리에 쌓은 쌓기나무의 수를 쓴 것입니다. 3층에 쌓은 쌓기나무는 몇 개입니까?

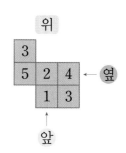

위

3
5 2 4 ← 옆
1 3

↑
앞

3 오른쪽과 같은 반원 모양 종이를 지름을 기준으로 한 바퀴 돌려 입체도형을 만들었습니다. 만든 입체도형을 위에서 본 모양의 둘레는 몇 cm입니까? (원주율: 3.1)

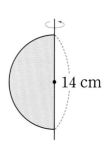

14 cm

바른답 • 알찬풀이 27쪽

4 오른쪽 도형에서 색칠한 부분의 둘레는 몇 cm입니까? (원주율: 3.14)

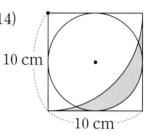

5 오른쪽은 한 모서리의 길이가 1 cm인 쌓기나무 8개로 쌓은 모양입니다. 쌓기나무로 쌓은 모양의 겉넓이는 몇 cm²입니까? (단, 바닥에 닿는 면도 포함합니다.)

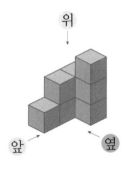

6 오른쪽 도형은 직사각형 두 개를 이어 붙인 후에 반원을 두 개 그린 것입니다. 도형에서 색칠한 부분의 넓이는 몇 cm²입니까? (원주율: 3)

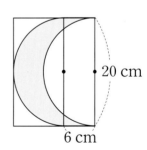

7 오른쪽은 쌓기나무 11개로 쌓은 모양입니다. 분홍색 쌓기나무 3개
를 빼낸 후에 위, 앞, 옆에서 본 모양을 각각 그려 보시오.

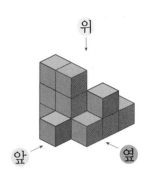

8 다음과 같이 직사각형 모양 울타리의 한 꼭짓점에 길이가 6 m인 줄로 염소를 묶어 놓았습
니다. 염소가 울타리 안으로 들어갈 수 없다면 염소가 움직일 수 있는 부분의 넓이는 몇
m²입니까? (단, 염소의 몸 길이와 줄의 두께는 생각하지 않습니다. 원주율: 3.1)

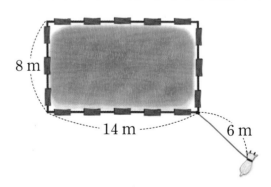

바른답 • 알찬풀이 27쪽

9 오른쪽과 같이 원기둥을 반으로 자른 모양의 상자가 있습니다. 지효가 이 상자의 모든 면에 포장지를 겹치지 않게 붙이려고 합니다. 필요한 포장지의 넓이는 적어도 몇 cm²입니까? (원주율: 3.1)

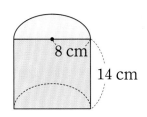

10 다음은 원기둥의 전개도입니다. 이 전개도의 둘레가 61.6 cm일 때 원기둥의 밑면의 지름은 몇 cm입니까? (원주율: 3.1)

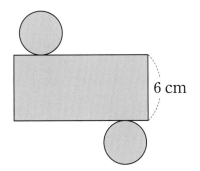

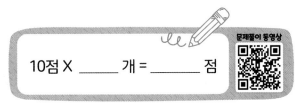

10점 X _____ 개 = _____ 점

3장 규칙성·자료와 가능성

규칙성·자료와 가능성 시작하기

1 전항이 6, 후항이 11인 비를 쓰시오.

(   )

2 비의 성질을 이용하여 비율이 같은 비를 찾아 선으로 이으시오.

2 : 3 ●   ● 4 : 5

16 : 20 ●   ● 6 : 9

3 9 : 15를 간단한 자연수의 비로 나타내려고 합니다. ☐ 안에 알맞은 수를 써넣으시오.

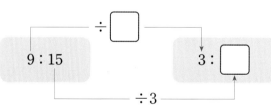

4 직사각형의 가로와 세로의 비를 간단한 자연수의 비로 나타내시오.

$1\dfrac{1}{2}$ cm

2.7 cm

(   )

5 비 2 : 5와 비율이 같은 비를 찾아 비례식으로 나타내시오.

| 12 : 25   8 : 20   6 : 10 |

➡ 2 : 5 = ☐ : ☐

6 비례식의 성질을 이용하여 ▲의 값을 구하려고 합니다. ☐ 안에 알맞은 수를 써넣으시오.

| 2 : 7 = 8 : ▲ | ➡ ☐ × ▲ = 7 × ☐

▲ = ☐

7 공깃돌 10개를 4 : 1로 나누려고 합니다. 공깃돌을 알맞게 묶어 보시오.

8 40을 3 : 5로 나누려고 합니다. ☐ 안에 알맞은 수를 써넣으시오.

식을 만들어 해결하기

1 민호와 윤지가 접은 종이학 수의 비는 4 : 5입니다. 민호가 접은 종이학이 200개라면 윤지는 민호보다 종이학을 몇 개 더 접었습니까?

문제 분석

구하려는 것에 밑줄을 긋고 주어진 조건을 정리해 보시오.

• (민호가 접은 종이학 수) : (윤지가 접은 종이학 수) = ☐ : ☐

• 민호가 접은 종이학 수: ☐ 개

해결 전략

윤지가 접은 종이학 수를 ■개라 하고 비례식을 세워 ■의 값을 구합니다.

풀이

❶ 윤지가 접은 종이학은 몇 개인지 구하기

민호가 접은 종이학이 200개일 때 윤지가 접은 종이학 수를 ■개라 하고

비례식을 세우면 ☐ : ☐ = 200 : ■입니다.

➡ ☐ × ■ = ☐ × 200, ☐ × ■ = ☐ , ■ = ☐

따라서 윤지가 접은 종이학은 ☐ 개입니다.

❷ 윤지는 민호보다 종이학을 몇 개 더 접었는지 구하기

(윤지가 접은 종이학 수) − (민호가 접은 종이학 수) = ☐ − ☐

= ☐ (개)

답

☐ 개

바른답 • 알찬풀이 29쪽

2 초아는 초콜릿을 40개 가지고 있습니다. 이 중에서 8개를 언니에게 주고, 남은 초콜릿을 초아와 동생이 5 : 3으로 나누어 먹었습니다. 초아와 동생은 초콜릿을 각각 몇 개씩 먹었습니까?

문제 분석

구하려는 것에 밑줄을 긋고 주어진 조건을 정리해 보시오.

• 초아가 가지고 있던 초콜릿 수: ☐개

• 언니에게 준 초콜릿 수: ☐개

• (초아가 먹은 초콜릿 수) : (동생이 먹은 초콜릿 수) = ☐ : ☐

해결 전략

언니에게 주고 남은 초콜릿 수를 주어진 비로 비례배분하여 초아와 동생이 각각 먹은 초콜릿 수를 구합니다.

풀이

❶ 언니에게 주고 남은 초콜릿은 몇 개인지 구하기

(초아가 가지고 있던 초콜릿 수) − (언니에게 준 초콜릿 수)

$= 40 -$ ☐ $=$ ☐ (개)

❷ 초아와 동생은 초콜릿을 각각 몇 개씩 먹었는지 구하기

• 초아: ☐ $\times \dfrac{☐}{5 + ☐} =$ ☐ (개)

• 동생: ☐ $\times \dfrac{☐}{5 + ☐} =$ ☐ (개)

따라서 초콜릿을 초아는 ☐개, 동생은 ☐개 먹었습니다.

답

초아: ☐개, 동생: ☐개

식을 만들어 해결하기

1 과일 가게에 있는 배와 사과 수의 비가 7 : 6입니다. 사과가 360개 있다면 배는 사과보다 몇 개 더 많이 있습니까?

❶ 과일 가게에 있는 배는 몇 개인지 구하기

❷ 배는 사과보다 몇 개 더 많이 있는지 구하기

2 어느 농구 선수가 공을 12번 던져 그중 골을 8번 넣었습니다. 이 선수가 같은 비율로 골을 넣는다면 공을 102번 던질 때 골을 몇 번 넣을 수 있습니까?

❶ 공을 던진 횟수에 대한 골을 넣은 횟수의 비 구하기

❷ 공을 102번 던질 때 골을 몇 번 넣을 수 있는지 구하기

3 어머니께서 잡곡과 쌀 무게의 비율이 0.375가 되도록 잡곡과 쌀을 섞어서 밥을 지으려고 합니다. 쌀을 320 g 준비한다면 잡곡은 몇 g 준비해야 합니까?

❶ 잡곡과 쌀 무게의 비를 간단한 자연수의 비로 나타내기

❷ 준비해야 하는 잡곡은 몇 g인지 구하기

4 어버이날에 건우와 형이 함께 용돈을 모아 9600원짜리 선물을 준비했습니다. 건우와 형이 낸 금액의 비가 3 : 5일 때 형은 건우보다 얼마 더 많이 냈습니까?

❶ 건우와 형이 낸 금액은 각각 얼마인지 구하기

❷ 형은 건우보다 얼마 더 많이 냈는지 구하기

식을 만들어 해결하기

5

오른쪽 지도는 실제 거리 0.25 km를 1 cm로 나타낸 것입니다. 지도에 기차역에서 시청까지의 거리를 3 cm로 나타냈다면 기차역에서 시청까지의 실제 거리는 몇 m입니까?

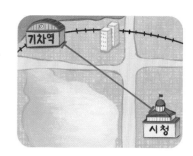

❶ 지도에서의 거리와 실제 거리의 비 구하기

❷ 기차역에서 시청까지의 실제 거리는 몇 m인지 구하기

6

오른쪽은 가로와 세로의 비가 4 : 3이고, 둘레가 210 cm인 직사각형 모양의 포장지입니다. 이 포장지의 넓이는 몇 cm²입니까?

❶ 포장지의 가로와 세로의 합은 몇 cm인지 구하기

❷ 포장지의 가로와 세로는 각각 몇 cm인지 구하기

❸ 포장지의 넓이는 몇 cm²인지 구하기

바른답 · 알찬풀이 31쪽

7 같은 시각에 물체의 길이와 물체의 그림자 길이의 비는 같습니다. 어느 피라미드의 그림자 길이가 196 m일 때 같은 시각에 길이가 3 m인 막대의 그림자 길이는 4.2 m 입니다. 이 피라미드의 높이는 몇 m입니까?

8 수빈이가 사탕을 54개 사서 그중 $\frac{1}{3}$을 먹고, 남은 사탕을 주희와 별아에게 5 : 4로 나누어 주려고 합니다. 주희와 별아에게 나누어 준 사탕은 각각 몇 개입니까?

9 번개와 천둥은 동시에 일어나지만 소리의 속도보다 빛의 속도가 빠르기 때문에 번개를 먼저 본 후에 천둥소리를 들을 수 있습니다. 천둥소리는 1초에 0.34 km를 갑니다. 준석이가 2.72 km 떨어진 곳에서 번개를 보았다면 번개를 본 후 몇 초 후에 천둥소리를 들을 수 있습니까?

표를 만들어 해결하기

> 1
>
> 보라색 물감과 흰색 물감을 5 : 13의 비로 섞어 연보라색 물감을 만들었습니다. 섞은 보라색 물감 양과 흰색 물감 양의 차가 32 mL일 때 흰색 물감은 몇 mL 섞었습니까?

문제 분석

구하려는 것에 밑줄을 긋고 주어진 조건을 정리해 보시오.

• (보라색 물감 양) : (흰색 물감 양) = $\boxed{}$: $\boxed{}$

• 섞은 보라색 물감 양과 흰색 물감 양의 차: $\boxed{}$ mL

해결 전략

보라색 물감과 흰색 물감 양의 비에 0이 아닌 같은 수를 곱하여 표를 만들고, 물감 양의 차를 각각 구해 봅니다.

풀이

❶ 비의 성질을 이용하여 표를 완성하고 물감 양의 차 구해 보기

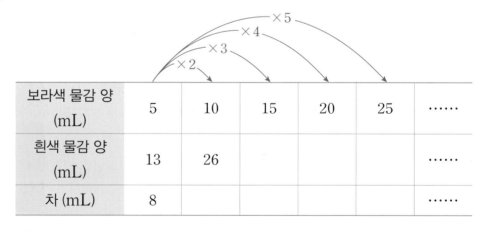

보라색 물감 양 (mL)	5	10	15	20	25	……
흰색 물감 양 (mL)	13	26				……
차 (mL)	8					……

❷ 섞은 흰색 물감은 몇 mL인지 구하기

물감 양의 차가 32 mL일 때 섞은 흰색 물감은 $\boxed{}$ mL입니다.

답

$\boxed{}$ mL

● 바른답 • 알찬풀이 31쪽

2 가로와 세로의 비율이 $\frac{4}{7}$인 직사각형 모양 사진이 있습니다. 이 사진의 넓이가 700 cm²일 때 사진의 세로는 몇 cm입니까?

문제 분석 구하려는 것에 밑줄을 긋고 주어진 조건을 정리해 보시오.

• 사진의 가로와 세로의 비율: ☐

• 사진의 넓이: ☐ cm²

해결 전략 사진의 가로와 세로의 비에 0이 아닌 같은 수를 곱하여 표를 만들고, 사진의 넓이를 각각 구해 봅니다.

풀이

❶ 사진의 가로와 세로의 비 구하기

(가로) : (세로) = ☐ : ☐

❷ 비의 성질을 이용하여 표를 완성하고 사진의 넓이 구해 보기

가로 (cm)	4	8	12	16	20	……
세로 (cm)						……
넓이 (cm²)						……

❸ 사진의 세로는 몇 cm인지 구하기

사진의 넓이가 700 cm²일 때 세로는 ☐ cm입니다.

답 ☐ cm

표를 만들어 해결하기

1 9 : 5와 비율이 같은 자연수의 비 중에서 전항과 후항의 합이 56인 비를 구하시오.

❶ 비의 성질을 이용하여 표를 완성하고 두 항의 합 구해 보기

전항	9	18	27	36	45	‥‥‥
후항	5					‥‥‥
합						‥‥‥

❷ 전항과 후항의 합이 56인 비 구하기

2 은하가 빵을 만들기 위해 밀가루와 소금을 30 : 1의 비로 섞었습니다. 섞은 밀가루와 소금 무게의 합이 155 g일 때 섞은 밀가루와 소금은 각각 몇 g입니까?

❶ 비의 성질을 이용하여 표를 완성하고 밀가루와 소금 무게의 합 구해 보기

밀가루 무게 (g)						‥‥‥
소금 무게 (g)	1	2	3	4	5	‥‥‥
합 (g)						‥‥‥

❷ 섞은 밀가루와 소금은 각각 몇 g인지 구하기

바른답 • 알찬풀이 32쪽

3 $3 : 1.6$과 비율이 같은 자연수의 비 중에서 전항과 후항의 차가 21인 비를 구하시오.

❶ 주어진 비를 간단한 자연수의 비로 나타내기

❷ 비의 성질을 이용하여 표를 완성하고 두 항의 차 구해 보기

전항	15	30	45	60	75	……
후항						……
차						……

❸ 전항과 후항의 차가 21인 비 구하기

4 밑변의 길이와 높이의 비가 $3 : 2$이고, 넓이가 $108 \ \text{cm}^2$인 직각삼각형이 있습니다. 이 직각삼각형의 높이는 몇 cm입니까?

❶ 비의 성질을 이용하여 표를 완성하고 직각삼각형의 넓이 구해 보기

밑변의 길이 (cm)	3	6	9	12	15	18	……
높이 (cm)	2						……
넓이 (cm²)							……

❷ 직각삼각형의 높이는 몇 cm인지 구하기

표를 만들어 해결하기

5 $3\frac{3}{10} : 1\frac{4}{5}$와 비율이 같은 자연수의 비 중에서 후항이 30보다 작은 비는 모두 몇 개입니까?

❶ 주어진 비를 간단한 자연수의 비로 나타내기

❷ 비의 성질을 이용하여 표 완성하기

전항						……
후항	6	12	18	24	30	……

❸ 후항이 30보다 작은 비는 모두 몇 개인지 구하기

6 어느 공장에서 생산한 제품 중 불량품의 비율이 0.09라고 합니다. 이 공장에서 오늘 팔 수 있는 제품이 364개일 때 오늘 나온 불량품은 몇 개입니까? (단, 불량품은 팔 수 없습니다.)

❶ 비율이 0.09인 비를 간단한 자연수의 비로 나타내기

❷ 비의 성질을 이용하여 표를 완성하고 팔 수 있는 제품 수 구해 보기

생산한 제품 수 (개)	100	200	300	400	500	……
불량품 수 (개)						……
팔 수 있는 제품 수 (개)						……

❸ 오늘 나온 불량품은 몇 개인지 구하기

바른답 • 알찬풀이 33쪽

7 수지와 정호가 공책을 7 : 5로 나누어 가졌습니다. 수지와 정호가 가진 공책 수의 차가 8권일 때 수지와 정호가 가진 공책은 모두 몇 권입니까?

8 비율이 $2\dfrac{2}{3}$인 자연수의 비 중에서 전항과 후항의 합이 55인 비를 구하시오.

9 도윤이네 학교에는 가로와 세로의 비가 5 : 4이고, 넓이가 320 m^2인 직사각형 모양의 간이 축구장이 있습니다. 간이 축구장의 세로는 몇 m입니까?

조건을 따져 해결하기

1 다음은 넓이가 136 cm^{2}인 직사각형을 두 개의 직사각형 ㉠과 ㉡으로 나눈 것입니다. 직사각형 ㉠의 가로와 ㉡의 가로의 비가 8 : 9일 때 직사각형 ㉠과 ㉡의 넓이는 각각 몇 cm^{2}입니까?

문제 분석

구하려는 것에 밑줄을 긋고 주어진 조건을 정리해 보시오.

• 전체 직사각형의 넓이: ☐ cm^2

• (직사각형 ㉠의 가로) : (직사각형 ㉡의 가로) = ☐ : ☐

해결 전략

• 두 직사각형의 가로의 비를 이용하여 두 직사각형의 넓이의 비를 구합니다.

• 나누기 전 직사각형의 넓이를 두 직사각형의 넓이의 비로 비례배분합니다.

풀이

❶ 직사각형 ㉠과 ㉡의 넓이의 비 구하기

(직사각형의 넓이)=(가로)×(세로)이므로 세로가 같은 두 직사각형의 넓이의 비는 두 직사각형의 ☐ 의 비와 같습니다.

➡ (㉠의 넓이) : (㉡의 넓이)=(㉠의 ☐) : (㉡의 ☐)

= ☐ : ☐

❷ 직사각형 ㉠과 ㉡의 넓이는 각각 몇 cm^{2}인지 구하기

• ㉠의 넓이: $136 \times \dfrac{\boxed{}}{\boxed{}+\boxed{}} = \boxed{}$ (cm^2)

• ㉡의 넓이: $136 \times \dfrac{\boxed{}}{\boxed{}+\boxed{}} = \boxed{}$ (cm^2)

답

㉠의 넓이: ☐ cm^2, ㉡의 넓이: ☐ cm^2

2

두 톱니바퀴 ㉠과 ㉡이 오른쪽과 같이 맞물려 돌아가고 있습니다. 톱니바퀴 ㉠은 톱니가 24개 있고, 톱니바퀴 ㉡은 톱니가 16개 있습니다. 톱니바퀴 ㉠이 8번 도는 동안 톱니바퀴 ㉡은 몇 번 돕니까?

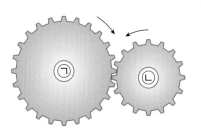

문제 분석

구하려는 것에 밑줄을 긋고 주어진 조건을 정리해 보시오.

• 톱니 수: ㉠ ☐ 개, ㉡ ☐ 개   • ㉠의 회전수: ☐ 번

해결 전략

두 톱니바퀴 ㉠과 ㉡이 맞물려 돌아갈 때

(㉠의 톱니 수)×(㉠의 회전수)=(㉡의 톱니 수)×(㉡의 회전수)이므로

(㉠의 톱니 수) : (㉡의 톱니 수)=(☐의 회전수) : (☐의 회전수)입니다.

↖ 비례식의 성질을 이용하여 곱셈식을 비례식으로 바꾸어 보시오.

풀이

❶ 두 톱니바퀴의 톱니 수의 비를 간단한 자연수의 비로 나타내기

(㉠의 톱니 수) : (㉡의 톱니 수)=24 : ☐ ➡ 3 : ☐

❷ 두 톱니바퀴의 회전수의 비 구하기

(㉠의 톱니 수) : (㉡의 톱니 수)=3 : ☐

➡ (㉠의 회전수) : (㉡의 회전수)=☐ : ☐ ← 톱니 수의 비를 이용하여 회전수의 비를 구하시오.

❸ 톱니바퀴 ㉠이 8번 도는 동안 톱니바퀴 ㉡은 몇 번 도는지 구하기

톱니바퀴 ㉡의 회전수를 ■번이라 하고 회전수의 비로 비례식을 세우면

8 : ■ = ☐ : ☐ 입니다. ➡ 8×☐=■×☐, ■=☐

따라서 톱니바퀴 ㉠이 8번 도는 동안 톱니바퀴 ㉡은 ☐ 번 돕니다.

답

☐ 번

조건을 따져 해결하기

1 에 알맞은 비례식을 완성하시오.

> **조건**
> • 비율은 $\frac{5}{8}$입니다.
> • 내항의 곱은 200입니다.

➡  ● : ■ = ▲ : 40

❶ ▲의 값 구하기

❷ ■의 값 구하기

❸ ●의 값 구하여 비례식 완성하기

2 원 가와 나의 지름의 비는 5 : 2입니다. 원 나의 원주가 25.12 cm일 때 원 가의 원주는 몇 cm입니까? (원주율: 3.14)

가 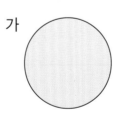   나

❶ 원 가와 나의 원주의 비를 간단한 자연수의 비로 나타내기

❷ 원 가의 원주는 몇 cm인지 구하기

바른답·알찬풀이 34쪽

3 다음 곱셈식을 이용하여 ㉮ : ㉯를 간단한 자연수의 비로 나타내시오.

$$㉮ \times \frac{3}{5} = ㉯ \times 1.2$$

❶ 주어진 곱셈식을 비례식으로 나타내기

❷ ㉮ : ㉯를 간단한 자연수의 비로 나타내기

4 슬비와 하윤이가 가지고 있는 머리끈 수의 비가 2 : 3이었습니다. 하윤이가 가지고 있던 머리끈 중 몇 개를 잃어버려서 슬비와 하윤이가 가지고 있는 머리끈 수의 비가 7 : 9가 되었습니다. 지금 두 사람이 가지고 있는 머리끈이 모두 32개라면 하윤이가 잃어버린 머리끈은 몇 개입니까?

❶ 슬비와 하윤이가 지금 가지고 있는 머리끈은 각각 몇 개인지 구하기

❷ 하윤이가 처음에 가지고 있던 머리끈은 몇 개인지 구하기

❸ 하윤이가 잃어버린 머리끈은 몇 개인지 구하기

조건을 따져 해결하기

5
두 톱니바퀴 ㉠과 ㉡이 오른쪽과 같이 맞물려 돌아가고 있습니다. 톱니바퀴 ㉠은 톱니가 15개 있고, 톱니바퀴 ㉡은 톱니가 21개 있습니다. 톱니바퀴 ㉠이 14번 도는 동안 톱니바퀴 ㉡은 몇 번 돕니까?

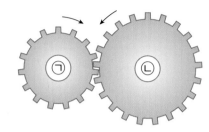

❶ 두 톱니바퀴의 톱니 수의 비를 간단한 자연수의 비로 나타내기

❷ 두 톱니바퀴의 회전수의 비 구하기

❸ 톱니바퀴 ㉠이 14번 도는 동안 톱니바퀴 ㉡은 몇 번 도는지 구하기

6
일정한 빠르기로 하루에 3분씩 빨라지는 시계가 있습니다. 어제 오전 6시에 이 시계의 시각을 정확하게 맞추어 놓았다면 오늘 오후 2시에 이 시계가 가리키는 시각은 오후 몇 시 몇 분입니까?

❶ 어제 오전 6시부터 오늘 오후 2시까지는 몇 시간인지 구하기

❷ 오늘 오후 2시에 시계가 가리키는 시각 구하기

바른답 • 알찬풀이 35쪽

7 삼각형 ㉠과 ㉡의 넓이의 비를 간단한 자연수의 비로 나타내시오.

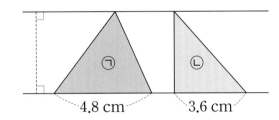

4.8 cm   3.6 cm

8 다음과 같이 두 직사각형 ㉠과 ㉡이 겹쳐 있습니다. 겹쳐진 부분의 넓이는 ㉠의 넓이의 $\frac{4}{7}$이고, ㉡의 넓이의 $\frac{2}{5}$입니다. 직사각형 ㉠과 ㉡의 넓이의 비를 간단한 자연수의 비로 나타내시오.

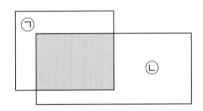

9 진헌이가 가지고 있는 초콜릿과 사탕 수의 비가 9 : 4였습니다. 진헌이가 초콜릿을 몇 개 먹었더니 남은 초콜릿과 사탕 수의 비가 4 : 3이 되었습니다. 남은 초콜릿과 사탕이 모두 28개라면 먹은 초콜릿은 몇 개입니까?

1 조건을 따져 해결하기

길이가 $1\frac{2}{3}$ m인 밧줄과 길이가 4.5 m인 리본이 있습니다. 밧줄과 리본의 길이의 비를 간단한 자연수의 비로 나타내시오.

2 조건을 따져 해결하기

전항이 16인 비가 있습니다. 이 비의 비율이 $\frac{2}{7}$일 때 후항은 얼마입니까?

3 식을 만들어 해결하기

어느 빵집에서 밀가루 16 kg 중 12 kg을 사용하여 빵을 만들고, 남은 밀가루를 두 그릇에 5 : 3으로 나누어 담았습니다. 두 그릇 중 밀가루를 더 많이 담은 그릇에 밀가루가 몇 g 담겨 있습니까?

식을 만들어 해결하기

4 어느 도서관에 있는 위인전과 동화책 수의 비가 0.4 : 0.3입니다. 동화책이 510권 있다면 위인전은 몇 권 있습니까?

표를 만들어 해결하기

5 박물관에 입장한 어른과 어린이 수의 비가 $1\frac{3}{5}$: 1.4입니다. 입장한 어른과 어린이 수의 차가 6명일 때 박물관에 입장한 어른과 어린이는 모두 몇 명입니까?

식을 만들어 해결하기

6 강준이가 가로와 세로의 비가 3 : 2가 되도록 직사각형 모양의 태극기를 그리려고 합니다. 태극기의 세로를 34 cm로 그린다면 태극기의 둘레는 몇 cm가 됩니까?

조건을 따져 해결하기

7 **조건**에 알맞은 비례식을 완성하시오.

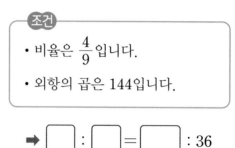

조건

• 비율은 $\frac{4}{9}$ 입니다.

• 외항의 곱은 144입니다.

➡ ☐ : ☐ = ☐ : 36

식을 만들어 해결하기

8 연아네 집 옥상에는 들이가 360 L인 빈 물탱크가 있습니다. 물이 일정한 빠르기로 5분에 22.5 L씩 나오는 수도를 틀어서 이 물탱크에 물을 받으려고 합니다. 물탱크에 물을 가득 채우는 데 걸리는 시간은 몇 시간 몇 분입니까?

조건을 따져 해결하기

9 일정한 빠르기로 5분에 3초씩 느려지는 시계가 있습니다. 어느 날 오후 3시에 이 시계의 시각을 정확하게 맞추어 놓았다면 같은 날 오후 5시 30분에 이 시계가 가리키는 시각은 오후 몇 시 몇 분 몇 초입니까?

식을 만들어 해결하기

10 다음 사다리꼴 ㉠과 삼각형 ㉡의 넓이의 합은 160 cm^{2}입니다. 삼각형 ㉡의 넓이는 몇 cm^{2}입니까?

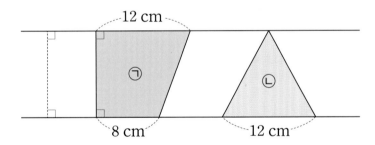

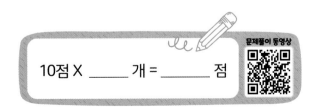

10점 X _____ 개 = _____ 점

1 어느 야구 선수가 공을 10번 칠 때마다 안타를 3번씩 친다고 합니다. 이 선수가 같은 비율로 안타를 친다면 공을 250번 칠 때 안타를 몇 번 칠 것으로 예상됩니까?

2 다음 직사각형 가와 정사각형 나의 넓이의 비를 간단한 자연수의 비로 나타내시오.

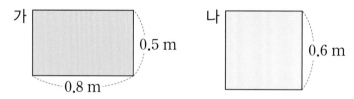

가   0.5 m   0.8 m

나   0.6 m

3 선호네 집에 우유가 1 L 720 mL 있습니다. 선호와 동생이 우유를 20 : 23으로 나누어 마셨다면 동생은 선호보다 우유를 몇 mL 더 많이 마셨습니까?

4 혜주가 오늘 운동과 독서를 하는 데 걸린 시간의 비는 $1\frac{1}{2}$: 1.65입니다. 혜주가 오늘 운동을 2시간 동안 했다면 독서를 한 시간은 몇 시간 몇 분입니까?

5 서로 다른 색깔의 주사위 2개를 동시에 던졌을 때 나오는 모든 경우의 수와 두 주사위 눈의 수의 합이 4의 배수가 되는 경우의 수의 비를 간단한 자연수의 비로 나타내시오.

6 주원이의 삼촌은 35만 원, 고모는 21만 원을 같은 사업에 투자하여 모두 72만 원의 이익을 얻었습니다. 이익금을 투자한 금액의 비로 나누어 갖는다면 삼촌과 고모는 각각 얼마를 갖게 됩니까?

7 두 비례식에서 ■에 알맞은 수는 같습니다. ♥에 알맞은 수를 분수로 나타내시오.

$$56 : ■ = 2.8 : 1\frac{1}{4}$$

$$■ : 15 = 2\frac{1}{2} : ♥$$

8 다음 삼각형 ㉠과 ㉡의 넓이의 비는 2 : 3입니다. 삼각형 ㉠의 넓이가 42 cm²이고, 삼각형 ㉡의 밑변의 길이가 18 cm일 때 ㉡의 높이는 몇 cm입니까?

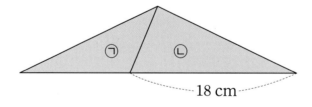

바른답 • 알찬풀이 38쪽

9 두 톱니바퀴 ㉠과 ㉡이 맞물려 돌아가고 있습니다. 톱니바퀴 ㉠이 40번 도는 동안 톱니바퀴 ㉡은 50번 돕니다. 톱니바퀴 ㉠의 톱니가 45개일 때 톱니바퀴 ㉡의 톱니는 몇 개입니까?

10 지난 달 수빈이네 학교 남학생과 여학생 수의 비는 9 : 8이었습니다. 이번 달에 남학생 몇 명이 전학을 가서 전체 학생 수는 500명이 되고, 남학생과 여학생 수의 비는 13 : 12가 되었습니다. 전학을 간 남학생은 몇 명입니까? (단, 전학을 온 학생은 없습니다.)

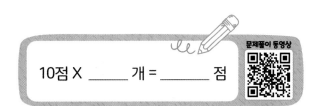

10점 X _____ 개 = _____ 점

MEMO

15

어떤 기약분수의 분모에서 3을 빼고 분자에 7을 더한 다음 그 분수에 $2\frac{1}{5}$ 를 곱했더니 $6\frac{1}{20}$ 이 되었습니다. 어떤 기약분수를 구하시오.

16

원기둥 모양의 상자에 다음과 같이 끈을 둘러 묶으려고 합니다. 원기둥의 한 밑면의 둘레가 43.96 cm일 때 필요한 끈은 적어도 몇 cm입니까? (원주율: 3.14)

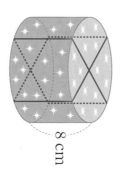

8 cm

17

$2\frac{1}{4}$ 분 동안 물이 $5\frac{1}{7}$ L씩 일정하게 나오는 수도가 있습니다. 이 수도에서 1시간 11분 45초 동안 나오는 물은 모두 몇 L입니까?

18

길이가 5.75 km인 터널이 있습니다. 길이가 0.25 km인 기차가 1분에 1.25 km씩 가는 빠르기로 달립니다. 이 기차가 터널을 완전히 통과하는 데 걸리는 시간은 몇 분 몇 초입니까?

19

하루에 4분씩 일정하게 빨라지는 시계가 있습니다. 어느 날 낮 12시에 이 시계를 정확히 맞추어 놓는다면 같은 날 오후 6시에 이 시계가 가리키는 시각은 오후 몇 시 몇 분입니까?

20

다음은 반원과 사다리꼴을 겹쳐 그린 도형입니다. 색칠한 부분 ㉠과 ㉡의 넓이가 같을 때 사다리꼴의 높이는 몇 cm입니까? (원주율: 3.1)

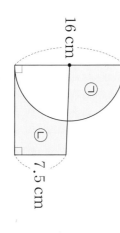

16 cm

㉠

㉡

7.5 cm

08
왼쪽 직육면체 모양에서 쌓기나무를 빼내어 오른쪽과 같은 모양을 만들려고 합니다. 왼쪽 직육면체 모양에서 쌓기나무를 몇 개 빼내야 합니까?

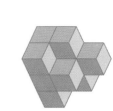
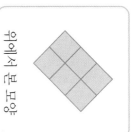

위에서 본 모양

09
복숭아, 수박, 사과가 각각 한 개씩 있습니다. 복숭아와 수박의 무게의 비는 2 : 9이고, 사과의 무게는 300 g입니다. 복숭아, 수박, 사과의 무게의 합이 2500 g일 때 복숭아의 무게는 몇 g입니까?

10
다음 도형에서 색칠한 부분의 넓이는 몇 cm²입니까? (원주율: 3)

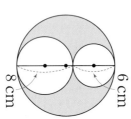

8 cm
6 cm

11
쌓기나무로 쌓은 모양을 보고 위에서 본 모양의 각 자리에 쌓은 쌓기나무의 수를 썼습니다. 쌓기나무로 쌓은 모양을 옆에서 본 모양을 그려 보시오.

위 → 앞 → 옆

위		
3	2	
1	2	1
	1	

12
4장의 수 카드를 모두 한 번씩 사용하여 다음 나눗셈식을 만들려고 합니다. 만든 나눗셈식의 몫이 가장 클 때 몫을 만들림하여 소수 둘째 자리까지 나타내시오.

4 5 7 9

→ □.□ ÷ □.□

13
다음 식을 보고 ㉮를 간단한 자연수의 비로 나타내시오.

$$㉮ \times \frac{1}{4} = ㉯ \times \frac{5}{7}$$

14
가로와 세로의 비가 $5 : 1\frac{1}{2}$ 이고, 둘레가 52 cm인 직사각형이 있습니다. 이 직사각형의 넓이는 몇 cm²입니까?

문제 해결력 TEST

01

다음은 넓이가 12 cm²인 직사각형 안에 삼각형을 그린 것입니다. 삼각형의 밑변의 길이가 $3\frac{3}{4}$ cm일 때 삼각형의 높이는 몇 cm인지 기약분수로 나타내시오.

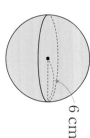

$3\frac{3}{4}$ cm

02

다음 어느 평면도형을 한 바퀴 돌려 만든 입체도형입니다. 돌리기 전 평면도형 모양 종이의 넓이는 몇 cm²입니까? (원주율: 3)

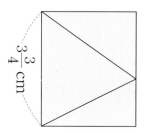

6 cm

03

삼민이와 초아는 쌓기나무를 다음과 같은 모양으로 쌓았습니다. 삼민이와 초아 중 누가 쌓기나무를 몇 개 더 많이 사용했습니까?

삼민

위에서 본 모양

초아

위에서 본 모양

04

민준이가 반지름이 0.3 m인 굴렁쇠를 굴려 집에서 학교까지의 거리를 재어 보았습니다. 집에서 학교까지 가는 데 굴렁쇠가 200바퀴 굴렀다면 집에서 학교까지의 거리는 몇 m입니까? (원주율: 3)

05

길이가 79.2 m인 도로의 한쪽에 처음부터 끝까지 1.2 m 간격으로 나무를 한 그루씩 심으려고 합니다. 도로의 처음과 끝에도 나무를 심는다면 필요한 나무는 모두 몇 그루입니까? (단, 나무의 굵기는 생각하지 않습니다.)

06

다음 나눗셈의 몫을 반올림하여 소수 15째 자리까지 나타낼 때 몫의 소수 15째 자리 숫자를 구하시오.

$5 \div 2.2$

07

공원에 넓이가 50.24 m²인 원 모양의 꽃을 만들려고 합니다. 이 꽃의 지름은 몇 m로 해야 합니까? (원주율: 3.14)

01

문제해결의길잡이

6학년 2학기

문제 해결력 TEST

이름

학교

학년

문장제 해결력 강화

문제
해결의
길잡이

문해길 시리즈는

문장제 해결력을 키우는 상위권 수학 학습서입니다.

문해길은 8가지 문제 해결 전략을 익히며

수학 사고력을 향상하고,

수학적 성취감을 맛보게 합니다.

이런 성취감을 맛본 아이는

수학에 자신감을 갖습니다.

수학의 자신감, 문해길로 이루세요.

문해길 원리를 공부하고, 문해길 심화에 도전해 보세요!
원리로 닦은 실력이 심화에서 빛이 납니다.

문해길 원리	문해길 심화
문장제 해결력 강화	고난도 유형 해결력 완성
1~6학년 학기별 [총12책]	1~6학년 학년별 [총6책]

공부력 강화 프로그램

공부력은 초등 시기에 갖춰야 하는 기본 학습 능력입니다.
공부력이 탄탄하면 언제든지 학습에서 두각을 나타낼 수 있습니다.
초등 교과서 발행사 미래엔의 공부력 강화 프로그램은
초등 시기에 다져야 하는 공부력 향상 교재입니다.

수학 상위권 진입을 위한 문장제 해결력 강화

문제
해결의
길잡이 원리

수학 6-2

바른답·알찬풀이

Mirae N 에듀

1장 수·연산

1 4, 2 / 2, 2   **2** 100, 100 / 8, 16
3 10
4 340, 3400 / 30, 300
5 ㉠   **6** 5 / 4.6 / 4.62
7 $3\dfrac{3}{5}$ **8** ㉡

3 $\dfrac{2}{3} \div \dfrac{1}{15} = \dfrac{10}{15} \div \dfrac{1}{15} = 10 \div 1 = 10$

4 나누는 수가 같을 때 나누어지는 수가 10배, 100배가 되면 몫은 10배, 100배가 됩니다.
나누어지는 수가 같을 때 나누는 수가 $\dfrac{1}{10}$배, $\dfrac{1}{100}$배가 되면 몫은 10배, 100배가 됩니다.

5 $12 \div \dfrac{3}{4} = 12 \times \dfrac{4}{3} = 12 \times \dfrac{1}{3} \times 4$이므로
$12 \div \dfrac{3}{4} = (12 \div 3) \times 4 = 4 \times 4 = 16$으로
계산할 수 있습니다.

6 $41.6 \div 9 = 4.622\cdots\cdots$
  • 일의 자리까지: $4.6\cdots\cdots \Rightarrow 5$
  • 소수 첫째 자리까지: $4.62\cdots\cdots \Rightarrow 4.6$
  • 소수 둘째 자리까지: $4.622\cdots\cdots \Rightarrow 4.62$

7 $\dfrac{9}{4} = 2\dfrac{1}{4}$이므로 세 분수의 크기를 비교해 보면
$\dfrac{9}{4} > 2\dfrac{1}{5} > \dfrac{5}{8}$입니다.

$\Rightarrow \dfrac{9}{4} \div \dfrac{5}{8} = \dfrac{9}{\overset{}{4}} \times \dfrac{\overset{2}{8}}{5} = \dfrac{18}{5} = 3\dfrac{3}{5}$

참고 $\dfrac{1}{4} > \dfrac{1}{5}$이므로 $2\dfrac{1}{4} > 2\dfrac{1}{5}$입니다.

8 ㉠ $18 \div 1.2 = 15$ ㉡ $21 \div 0.14 = 150$
    ㉢ $63 \div 4.2 = 15$

식을 만들어 해결하기

1   소수의 나눗셈

문제 분석 2시간 12분 동안 갈 수 있는 거리는 몇 km
109.5 / 2, 12

해결 전략 60 / 나눗셈식

풀이 ❶ 30, 5, 1.5
❷ 109.5, 1.5, 73
❸ 12, 2, 2.2
❹ 73, 2.2 / 160.6

답 160.6

2   분수의 나눗셈

문제 분석 의자를 모두 몇 개 만들 수 있습니까?
$2\dfrac{4}{5}$ / 7

해결 전략 곱셈식 / 나눗셈식

풀이 ❶ 7, 42
❷ 42, 42, 14, 42, $\dfrac{5}{14}$, 15

답 15

1   소수의 나눗셈

❶ 37 cm 5 mm = 37 cm + 5 mm
               = 37 cm + 0.5 cm
               = 37.5 cm
❷ (도막 수)
   = (수수깡의 전체 길이) ÷ (한 도막의 길이)
   = 37.5 ÷ 7.5 = 5(도막)

답 5도막

2

❶ (주전자에 담은 물 양)
= (그릇에 담은 물 양) × (부은 횟수)
= $\frac{1}{5} \times 2 = \frac{2}{5}$ (L)

❷ (필요한 컵 수)
= (주전자에 담은 물 양)
  ÷ (컵 한 개에 담는 물 양)
= $\frac{2}{5} \div \frac{1}{15} = \frac{6}{15} \div \frac{1}{15} = 6 \div 1 = 6$(개)
따라서 컵은 적어도 6개 필요합니다.

답 6개

3

❶ (전체 주스 양)
= (주스 한 병의 양) × (병 수)
= $1.8 \times 5 = 9$ (L)

❷ (주스를 마실 수 있는 사람 수)
= (전체 주스 양) ÷ (한 사람이 마시는 주스 양)
= $9 \div 0.5 = 18$(명)

답 18명

4

❶ (1분 동안 타는 양초의 길이)
= (4분 동안 타는 양초의 길이) ÷ 4
= $1\frac{1}{2} \div 4 = \frac{3}{2} \times \frac{1}{4} = \frac{3}{8}$ (cm)

❷ (양초가 12 cm만큼 타는 데 걸리는 시간)
= 12 ÷ (1분 동안 타는 양초의 길이)
= $12 \div \frac{3}{8} = \overset{4}{12} \times \frac{8}{\underset{1}{3}} = 32$(분)

답 32분

5

❶ (휘발유 1 L로 갈 수 있는 거리)
= (휘발유 3.26 L로 갈 수 있는 거리) ÷ 3.26
= $40.75 \div 3.26 = 12.5$ (km)

❷ (휘발유 20 L로 갈 수 있는 거리)
= (휘발유 1 L로 갈 수 있는 거리) × 20
= $12.5 \times 20 = 250$ (km)

답 250 km

[참고] (휘발유 1 L로 갈 수 있는 거리)
= (휘발유 ■ L로 갈 수 있는 거리) ÷ ■
(휘발유 ▲ L로 갈 수 있는 거리)
= (휘발유 1 L로 갈 수 있는 거리) × ▲

6

❶ (철판 1 m²의 무게)
= (철판 $4\frac{2}{3}$ m²의 무게) ÷ $4\frac{2}{3}$
= $2\frac{2}{5} \div 4\frac{2}{3} = \frac{12}{5} \div \frac{14}{3}$
= $\frac{\overset{6}{12}}{5} \times \frac{3}{\underset{7}{14}} = \frac{18}{35}$ (kg)

❷ (철판 $1\frac{3}{4}$ m²의 무게)
= (철판 1 m²의 무게) × $1\frac{3}{4}$
= $\frac{18}{35} \times 1\frac{3}{4} = \frac{\overset{9}{18}}{\underset{5}{35}} \times \frac{\overset{1}{7}}{\underset{2}{4}} = \frac{9}{10}$ (kg)

답 $\frac{9}{10}$ kg

[참고] (철판 1 m²의 무게) = (철판 ■ m²의 무게) ÷ ■
(철판 ▲ m²의 무게) = (철판 1 m²의 무게) × ▲

7

❶ **전체 찰흙은 몇 kg인지 구하기**
(전체 찰흙의 무게)
= (찰흙 한 덩어리의 무게) × (덩어리 수)
= $1.5 \times 12 = 18$ (kg)

❷ **팔 수 있는 찰흙은 모두 몇 봉지인지 구하기**
(봉지 수)
= (전체 찰흙의 무게)
  ÷ (한 봉지에 담은 찰흙의 무게)
= $18 \div 0.6 = 30$(봉지)

답 30봉지

8

❶ **가, 나, 다 간장 1 L의 값은 각각 얼마인지 구하기**
(가 간장 1 L의 값) = $16100 \div 2.3 = 7000$(원)
(나 간장 1 L의 값) = $9100 \div 1.4 = 6500$(원)
(다 간장 1 L의 값) = $4510 \div 0.55 = 8200$(원)

❷ 어느 것을 사는 것이 가장 이익인지 구하기

간장 1 L의 값을 비교해 보면
6500원<7000원<8200원이므로
1 L의 값이 가장 저렴한 것은 나 간장입니다.
따라서 나 간장을 사는 것이 가장 이익입니다.

답 나 간장

참고
(간장 1 L의 가격)=(간장 ▩ L의 가격)÷▩

9
분수의 나눗셈

❶ 수도에서 1분 동안 나오는 물은 몇 L인지 구하기
(수도에서 1분 동안 나오는 물 양)

$$=2\frac{1}{4}\div1\frac{1}{2}=\frac{9}{4}\div\frac{3}{2}=\frac{\overset{3}{\cancel{9}}}{\underset{2}{\cancel{4}}}\times\frac{\overset{1}{\cancel{2}}}{\underset{1}{\cancel{3}}}=\frac{3}{2}$$

$$=1\frac{1}{2}\ (L)$$

❷ 4분 30초는 몇 분인지 분수로 나타내기

$$4분\ 30초=4\frac{30}{60}분=4\frac{1}{2}분$$

❸ 수도에서 4분 30초 동안 나오는 물은 몇 L인지 구하기

1분 동안 물이 $1\frac{1}{2}$ L씩 나오므로 수도에서

4분 30초($=4\frac{1}{2}$분) 동안 나오는 물의 양은

$$1\frac{1}{2}\times4\frac{1}{2}=\frac{3}{2}\times\frac{9}{2}=\frac{27}{4}=6\frac{3}{4}\ (L)입니다.$$

답 $6\frac{3}{4}$ L

그림을 그려 해결하기

익히기 16~17쪽

1
소수의 나눗셈

문제 분석 남는 리본은 몇 m인지 소수로 나타내시오.
12.6 / 3

해결 전략 3

풀이 ❶ 3, 3 / 3, 3, 0.6
❷ 4, 0.6 / 4, 0.6

답 0.6

참고 나눗셈식으로 나타내면 $12.6\div3=4\cdots0.6$
입니다.

2
분수의 나눗셈

문제 분석 전체 밭의 넓이는 몇 m²인지 기약분수
로 나타내시오.
$\frac{4}{9}$ / $\frac{3}{5}$

풀이 ❶ 배추, 무, $\frac{4}{5}$ / $\frac{2}{9}$

❷ $\frac{2}{9}$ / $\frac{2}{9}$, $\frac{9}{2}$, $3\frac{3}{5}$

답 $3\frac{3}{5}$

다른 풀이
배추를 심고 남은 부분은 전체 밭의 $1-\frac{4}{9}=\frac{5}{9}$

이므로 아무것도 심지 않은 부분은 전체 밭의

$$\frac{5}{9}\times\left(1-\frac{3}{5}\right)=\frac{\overset{1}{\cancel{5}}}{9}\times\frac{2}{\underset{1}{\cancel{5}}}=\frac{2}{9}입니다.$$

전체 밭의 $\frac{2}{9}$가 $\frac{4}{5}$ m²이므로

전체 밭의 $\frac{1}{9}$은 $\frac{4}{5}\div2=\frac{2}{5}$ (m²)입니다.

따라서 전체 밭의 넓이는

$$\frac{2}{5}\times9=\frac{18}{5}=3\frac{3}{5}\ (m^2)입니다.$$

적용하기 18~21쪽

1
소수의 나눗셈

❶ 7, 7

❷ $40.4-7-7-7-7-7=5.4$ (kg)
➡ 40.4에서 7을 5번 빼면 5.4가 남으므로
5통에 나누어 담을 수 있고, 남는 쌀은
5.4 kg입니다.

답 5.4 kg

2

❶ 1950

➡ 위인전은 전체 책의 $\dfrac{3}{10}$입니다.

❷ 전체 책의 수를 ☐권이라 하면

$$☐ \times \dfrac{3}{10} = 1950$$이므로

$$☐ = 1950 \div \dfrac{3}{10} = \overset{650}{1950} \times \dfrac{10}{\underset{1}{3}} = 6500(권)$$

입니다.

따라서 건후네 학교 도서관에 있는 책은 모두 6500권입니다.

답 6500권

다른 풀이

동화책이 아닌 책은 전체 책의 $1 - \dfrac{3}{5} = \dfrac{2}{5}$이므로

위인전은 전체 책의 $\dfrac{\overset{1}{2}}{5} \times \dfrac{3}{\underset{2}{4}} = \dfrac{3}{10}$입니다.

전체 책의 $\dfrac{3}{10}$이 1950권이므로

전체 책의 $\dfrac{1}{10}$은 $1950 \div 3 = 650(권)$입니다.

따라서 전체 책은 $650 \times 10 = 6500(권)$입니다.

3

❶ 5분 30초 $= 5\dfrac{30}{60}$분 $= 5\dfrac{1}{2}$분

(지태가 5분 30초 동안 간 거리)

$=$(지태가 1분 동안 간 거리) $\times 5\dfrac{1}{2}$

$= \dfrac{2}{7} \times 5\dfrac{1}{2} = \dfrac{\overset{1}{2}}{7} \times \dfrac{11}{\underset{1}{2}} = \dfrac{11}{7} = 1\dfrac{4}{7}$ (km)

❷ $1\dfrac{4}{7}$, $1\dfrac{3}{7}$

❸ (예율이가 1분 동안 간 거리)

$=$(예율이가 5분 30초 동안 간 거리) $\div 5\dfrac{1}{2}$

$= 1\dfrac{3}{7} \div 5\dfrac{1}{2} = \dfrac{10}{7} \div \dfrac{11}{2} = \dfrac{10}{7} \times \dfrac{2}{11}$

$= \dfrac{20}{77}$ (km)

답 $\dfrac{20}{77}$ km

참고 두 사람이 호수 둘레의 한 지점에서 동시에 출발하여 둘레를 따라 서로 반대 방향으로 가서 출발한 지 5분 30초 후에 처음으로 다시 만났으므로 두 사람이 간 거리의 합은 호수의 둘레와 같습니다.

4

❶ 예
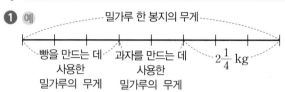

➡ 남은 밀가루는 전체의 $\dfrac{3}{8}$입니다.

❷ 밀가루 한 봉지의 무게를 ☐kg이라 하면

$$☐ \times \dfrac{3}{8} = 2\dfrac{1}{4}$$이므로

$$☐ = 2\dfrac{1}{4} \div \dfrac{3}{8} = \dfrac{9}{4} \div \dfrac{3}{8} = \dfrac{18}{8} \div \dfrac{3}{8}$$
$$= 18 \div 3 = 6 \text{ (kg)}$$입니다.

따라서 밀가루 한 봉지는 6 kg입니다.

답 6 kg

5

❶ 0.26 / 기차 / 0.26, 8.82

❷ (걸리는 시간)
$=$(터널을 완전히 지나기 위해 가야 하는 거리)
  $\div$(기차가 1분 동안 가는 거리)
$= 8.82 \div 1.26 = 7(분)$

답 7분

6

❶ 예

주스가 가득 담긴 병의 무게

빈 병의 무게 $2\dfrac{1}{5}$ kg   마신 주스의 무게

(마신 주스의 무게)

$=$(전체 주스의 $\dfrac{1}{4}$만큼의 무게)

$=$(주스가 가득 담긴 병의 무게)

  $-$(주스의 $\dfrac{1}{4}$만큼을 마시고 잰 무게)

$= 2\dfrac{4}{5} - 2\dfrac{1}{5} = \dfrac{3}{5}$ (kg)

❷ (전체 주스의 무게)$\times\frac{1}{4}=\frac{3}{5}$

➡ (전체 주스의 무게)

$=\frac{3}{5}\div\frac{1}{4}=\frac{3}{5}\times4=\frac{12}{5}=2\frac{2}{5}$ (kg)

❸ (빈 병의 무게)

　$=$(주스가 가득 담긴 병의 무게)

　　$-$(전체 주스의 무게)

　$=2\frac{4}{5}-2\frac{2}{5}=\frac{2}{5}$ (kg)

> 답 　$\frac{2}{5}$ kg

---

❷ **지윤이가 처음에 가지고 있던 용돈은 얼마인지 구하기**

지윤이가 처음에 가지고 있던 용돈을 □원이라 하면 $\square\times\frac{3}{7}=15000$이므로

$\square=15000\div\frac{3}{7}=\overset{5000}{15000}\times\frac{7}{\underset{1}{3}}=35000$(원)

입니다.

따라서 지윤이가 처음에 가지고 있던 용돈은 35000원입니다.

> 답 　35000원

7
소수의 나눗셈

❶ **늘어난 후의 용수철의 길이는 몇 cm인지 구하기**

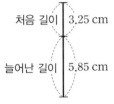

처음 길이 | 3.25 cm

늘어난 길이 | 5.85 cm

(늘어난 후 용수철의 길이)

$=$(늘어나기 전 길이)$+$(늘어난 길이)

$=3.25+5.85=9.1$ (cm)

❷ **늘어난 후의 용수철의 길이는 늘어나기 전 용수철의 길이의 몇 배인지 구하기**

(늘어난 후 용수철의 길이)

$\div$(늘어나기 전 용수철의 길이)

$=9.1\div3.25=2.8$(배)

> 답 　2.8배

8
분수의 나눗셈

❶ **남은 용돈은 전체의 얼마인지 알아보기**

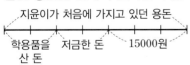

지윤이가 처음에 가지고 있던 용돈

학용품을 산 돈 | 저금한 돈 | 15000원

➡ 남은 용돈 15000원은 처음에 가지고 있던 용돈의 $\frac{3}{7}$입니다.

9
분수의 나눗셈

❶ **버린 물의 무게는 몇 kg인지 구하기**

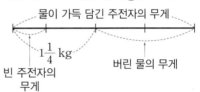

물이 가득 담긴 주전자의 무게

$1\frac{1}{4}$ kg

빈 주전자의 무게 | 버린 물의 무게

(버린 물의 무게)

$=$(전체 물의 $\frac{2}{3}$만큼의 무게)

$=$(물이 가득 담긴 주전자의 무게)

　$-$(물의 $\frac{2}{3}$만큼을 버리고 잰 무게)

$=2\frac{3}{4}-1\frac{1}{4}=1\frac{2}{4}=1\frac{1}{2}$ (kg)

❷ **전체 물의 무게는 몇 kg인지 구하기**

(전체 물의 무게)$\times\frac{2}{3}=1\frac{1}{2}$

➡ (전체 물의 무게)$=1\frac{1}{2}\div\frac{2}{3}=\frac{3}{2}\div\frac{2}{3}$

　　　$=\frac{3}{2}\times\frac{3}{2}=\frac{9}{4}=2\frac{1}{4}$ (kg)

❸ **빈 주전자의 무게는 몇 kg인지 구하기**

(빈 주전자의 무게)

$=$(물이 가득 담긴 주전자의 무게)

　$-$(전체 물의 무게)

$=2\frac{3}{4}-2\frac{1}{4}=\frac{2}{4}=\frac{1}{2}$ (kg)

> 답 　$\frac{1}{2}$ kg

1

분수의 나눗셈

문제 분석 바르게 계산한 값을 기약분수로 나타내시오.
$\frac{2}{3}$, $\frac{1}{9}$

해결 전략 (나눗셈)

풀이
❶ $\frac{2}{3}$, $\frac{1}{9}$

❷ $\frac{1}{9}$, $\frac{2}{3}$, $\frac{1}{9}$, $\frac{3}{2}$, $\frac{1}{6}$

❸ $\frac{1}{6}$ / $\frac{1}{6}$, $\frac{1}{6}$, $\frac{3}{2}$, $\frac{1}{4}$

답 $\frac{1}{4}$

2

소수의 나눗셈

문제 분석 시헌이네 반 학생은 모두 몇 명
0.6 / 8

풀이
❶ 0.6 / 0.6, 0.4
❷ 0.4 / 0.4, 20

답 20

1

분수의 나눗셈

❶ ㉯÷3=$2\frac{1}{6}$이므로

㉯=$2\frac{1}{6}\times3=\frac{13}{\overset{}{6}}\times\overset{1}{3}=\frac{13}{2}=6\frac{1}{2}$입니다.

❷ ㉮$\times\frac{1}{2}=6\frac{1}{2}$이므로

㉮=$6\frac{1}{2}\div\frac{1}{2}=\frac{13}{2}\div\frac{1}{2}=13\div1=13$입니다.

답 13

2

소수의 나눗셈

❶ 어떤 수에 4.2를 곱했더니 317.52가 되었으므로 □×4.2=317.52입니다.

❷ □×4.2=317.52이므로
□=317.52÷4.2=75.6입니다.

❸ 어떤 수는 75.6이므로 75.6을 4.2로 나누면 75.6÷4.2=18입니다.

답 18

3

소수의 나눗셈

❶ 담장 전체의 0.65만큼 칠했으므로 칠하지 않은 부분은 담장 전체의 1−0.65=0.35입니다.

❷ 담장의 전체 넓이를 □ m²라 하면
□×0.35=28이므로
□=28÷0.35=80 (m²)입니다.
따라서 담장의 전체 넓이는 80 m²입니다.

답 80 m²

4

소수의 나눗셈

❶ (삼각형의 넓이)=(밑변의 길이)×(높이)÷2
이므로 삼각형의 높이를 □ cm라 하면
5.6×□÷2=20.16입니다.

❷ 5.6×□÷2=20.16, □=20.16×2÷5.6,
□=40.32÷5.6=7.2 (cm)
따라서 삼각형의 높이는 7.2 cm입니다.

답 7.2 cm

5

분수의 나눗셈

❶ 채아의 몸무게를 □ kg이라 하면

□$\times1\frac{3}{8}=49\frac{1}{2}$이므로

□=$49\frac{1}{2}\div1\frac{3}{8}=\frac{99}{2}\div\frac{11}{8}=\frac{\overset{9}{99}}{\overset{}{2}}\times\frac{\overset{4}{8}}{\overset{}{11}}$

=36 (kg)입니다.
따라서 채아의 몸무게는 36 kg입니다.

❷ 민호의 몸무게를 △ kg이라 하면

△$\times1\frac{1}{3}=36$이므로

$\triangle = 36 \div 1\frac{1}{3} = 36 \div \frac{4}{3} = \overset{9}{36} \times \frac{3}{\underset{1}{4}}$

$= 27$ (kg)입니다.

따라서 민호의 몸무게는 27 kg입니다.

> 답 27 kg

6

❶ 컵에 따르고 남은 주스의 양을 ■ L라 하면

■ $\times \frac{2}{3} = \frac{4}{7}$ 이므로

■ $= \frac{4}{7} \div \frac{2}{3} = \frac{\overset{2}{4}}{7} \times \frac{3}{\underset{1}{2}} = \frac{6}{7}$ (L)입니다.

❷ 주스 한 병의 $\frac{1}{5}$ 을 컵에 따랐으므로 병에 남은

주스는 주스 한 병의 $1 - \frac{1}{5} = \frac{4}{5}$ 입니다.

주스 한 병의 양을 ▲ L라 하면

▲ $\times \frac{4}{5} = \frac{6}{7}$ 이므로

▲ $= \frac{6}{7} \div \frac{4}{5} = \frac{\overset{3}{6}}{7} \times \frac{5}{\underset{2}{4}} = \frac{15}{14} = 1\frac{1}{14}$ (L)입니다.

따라서 주스 한 병은 $1\frac{1}{14}$ L입니다.

> 답 $1\frac{1}{14}$ L

7

❶ 높이를 ☐ cm라 하여 사다리꼴의 넓이를 구하는 식 만들기

(사다리꼴의 넓이)

= ((윗변)+(아랫변)) × (높이) ÷ 2이므로

사다리꼴의 높이를 ☐ cm라 하면

(12+17.4) × ☐ ÷ 2 = 117.6입니다.

❷ 사다리꼴의 높이는 몇 cm인지 구하기

29.4 × ☐ ÷ 2 = 117.6, 14.7 × ☐ = 117.6,

☐ = 117.6 ÷ 14.7 = 8 (cm)

> 답 8 cm

8

❶ 동생에게 주고 남은 사탕은 전체의 얼마인지 구하기

선우가 먹고 남은 사탕은 전체의

$1 - \frac{5}{16} = \frac{11}{16}$ 이고,

동생에게 주고 남은 사탕은 나머지의

$1 - \frac{1}{4} = \frac{3}{4}$ 입니다.

따라서 동생에게 주고 남은 사탕은 전체의

$\frac{11}{16} \times \frac{3}{4} = \frac{33}{64}$ 입니다.

❷ 선우가 처음에 가지고 있던 사탕은 몇 개인지 구하기

선우가 처음에 가지고 있던 사탕의 수를 ☐개라 하면

☐ $\times \frac{33}{64} = 33$ 이므로

☐ $= 33 \div \frac{33}{64} = \overset{1}{33} \times \frac{64}{\underset{1}{33}} = 64$(개)입니다.

따라서 선우가 처음에 가지고 있던 사탕은 64개입니다.

> 답 64개

9

❶ 공이 첫 번째로 튀어 오른 높이는 몇 m인지 구하기

공이 첫 번째로 튀어 오른 높이를 ■ m라 하면

■ $\times 0.4 = 4.8$이므로 ■ $= 4.8 \div 0.4 = 12$ (m)입니다.

❷ 처음 공을 떨어뜨린 높이는 몇 m인지 구하기

처음 공을 떨어뜨린 높이를 ▲ m라 하면

▲ $\times 0.4 = 12$이므로 ▲ $= 12 \div 0.4 = 30$ (m)입니다.

따라서 처음에 공을 떨어뜨린 높이는 30 m입니다.

> 답 30 m

참고 (공이 첫 번째로 튀어 오른 높이)
= (공을 두 번째로 떨어뜨린 높이)

규칙을 찾아 해결하기

익히기 28~29쪽

1

문제 분석 몫의 소수 11째 자리 숫자

3.2, 2.2

풀이 ❶

$$
\begin{array}{r}
1.4\,5\,4\,5\cdots\cdots \\
2.2)\overline{3.2\,0\,0\,0\,0} \\
2\,2 \\ \hline
1\,0\,0 \\
8\,8 \\ \hline
1\,2\,0 \\
1\,1\,0 \\ \hline
1\,0\,0 \\
8\,8 \\ \hline
1\,2\,0 \\
1\,1\,0 \\ \hline
\end{array}
$$

4, 5, 4, 5 / 4, 5
❷ 5, 1 / (첫째), 4

답 4

2 소수의 나눗셈

문제 분석 넷째 직사각형의 넓이는 몇 cm²

7.2 / 3, 6

풀이 ❶ 1.5, 7.2, 1.5 / 1.5 / 3, 2, 6, 2 / 2
❷ 1.5, 10.8 / 2, 12 / 10.8, 12,
129.6

답 129.6

적용하기 30~33쪽

1 소수의 나눗셈

❶ $1.5 \div 2.5 = 0.6$(배), $0.9 \div 1.5 = 0.6$(배),
$0.54 \div 0.9 = 0.6$(배)
➡ 수가 0.6배씩 되는 규칙입니다.

❷ 다섯째 수는 $0.54 \times 0.6 = 0.324$입니다.

답 0.324

2 소수의 나눗셈

❶ $15 \div 0.44 = 34.0909\cdots\cdots$이므로 몫의 소수
첫째 자리부터 2개의 숫자 0, 9가 반복됩니다.

❷ $77 \div 2 = 38\cdots1$이므로 몫의 소수 77째 자리
숫자는 몫의 소수 첫째 자리 숫자와 같은 0입
니다.

답 0

---

3 분수의 나눗셈

❶ (파란색 색종이의 넓이)
÷(노란색 색종이의 넓이)
$= 9 \div 6 = \dfrac{9}{6} = \dfrac{3}{2} = 1\dfrac{1}{2}$(배)

❷ (노란색 색종이의 넓이)
$=$(빨간색 색종이의 넓이)$\times 1\dfrac{1}{2}$
➡ (빨간색 색종이의 넓이)
$=$(노란색 색종이의 넓이)$\div 1\dfrac{1}{2}$
$= 6 \div 1\dfrac{1}{2} = 6 \div \dfrac{3}{2} = \overset{2}{6} \times \dfrac{2}{\underset{1}{3}}$
$= 4 \ (\text{cm}^2)$

답 4 cm²

---

4 분수의 나눗셈

❶ • 나누어지는 수: 2, 3, 4, 5, ⋯⋯로 2부터
1씩 커지는 규칙입니다.
• 나누는 수: $\dfrac{1}{2}$, $\dfrac{2}{3}$, $\dfrac{3}{4}$, $\dfrac{4}{5}$, ⋯⋯로 분모
는 2부터 1씩 커지고, 분자는 분모보다
1 작은 규칙입니다.

❷ 여섯째 식의 나누어지는 수는 7이고 나누는 수
는 $\dfrac{6}{7}$입니다.
➡ $7 \div \dfrac{6}{7} = 7 \times \dfrac{7}{6} = \dfrac{49}{6} = 8\dfrac{1}{6}$

답 $8\dfrac{1}{6}$

---

5 소수의 나눗셈

❶ $15.8 \div 3.33 = 4.744744\cdots\cdots$이므로 몫의 소수
첫째 자리부터 3개의 숫자 7, 4, 4가 반복됩
니다.

❷ $21 \div 3 = 7$이므로 몫의 소수 21째 자리 숫자
는 몫의 소수 셋째 자리 숫자와 같은 4이고,
$22 \div 3 = 7\cdots1$이므로 몫의 소수 22째 자리
숫자는 몫의 소수 첫째 자리 숫자와 같은 7입
니다.

❸ 몫을 반올림하여 소수 21째 자리까지 나타내
려면 소수 22째 자리에서 반올림해야 합니다.

몫의 소수 22째 자리 숫자는 7이므로 몫을 반올림하여 소수 21째 자리까지 나타내면 소수 21째 자리 숫자는 5가 됩니다.

답 5

6

분수의 나눗셈

❶ 순서에 따라 가장 작은 정사각형의 수를 알아봅니다.
첫째: 1개, 둘째: $2 \times 2 = 4$(개),
셋째: $3 \times 3 = 9$(개) ➡ 넷째: $4 \times 4 = 16$(개)

❷ 넷째 모양에서 가장 작은 정사각형 16개 중 3개의 넓이의 합이 4 cm²입니다.

(가장 큰 정사각형의 넓이)$\times \dfrac{3}{16} = 4$

➡ (가장 큰 정사각형의 넓이)
$= 4 \div \dfrac{3}{16} = 4 \times \dfrac{16}{3} = \dfrac{64}{3} = 21\dfrac{1}{3}$ (cm²)

답 $21\dfrac{1}{3}$ cm²

7

소수의 나눗셈

❶ **몫의 소수점 아래 숫자가 반복되는 규칙 구하기**
$7.3 \div 2.7 = 2.703703\cdots\cdots$이므로 몫의 소수 첫째 자리부터 3개의 숫자 7, 0, 3이 반복됩니다.

❷ **몫의 소수 100째 자리 숫자와 200째 자리 숫자의 합 구하기**
$100 \div 3 = 33 \cdots 1$이므로 몫의 소수 100째 자리 숫자는 몫의 소수 첫째 자리 숫자와 같은 7입니다.
$200 \div 3 = 66 \cdots 2$이므로 몫의 소수 200째 자리 숫자는 몫의 소수 둘째 자리 숫자와 같은 0입니다.
➡ $7 + 0 = 7$

답 7

8

소수의 나눗셈

❶ **소수가 몇 배씩 되는지 알아보기**
$1.4 \div 3.5 = 0.4$(배), $0.56 \div 1.4 = 0.4$(배)
➡ 수가 0.4배씩 되는 규칙입니다.

❷ **첫째 수 카드에 적힌 수 구하기**
첫째 수 카드에 적힌 수를 ■라 하면

■ $\times 0.4 = 3.5$이므로 ■ $= 3.5 \div 0.4 = 8.75$입니다.

답 8.75

9

분수의 나눗셈

❶ **다섯째 모양에서 가장 작은 정삼각형은 몇 개인지 구하기**
순서에 따라 가장 작은 정삼각형의 수를 알아봅니다.
첫째: 1개, 둘째: $1 + 3 = 4$(개),
셋째: $1 + 3 + 5 = 9$(개)
➡ 넷째: $1 + 3 + 5 + 7 = 16$(개),
다섯째: $1 + 3 + 5 + 7 + 9 = 25$(개)

❷ **가장 큰 정삼각형의 넓이는 몇 m²인지 구하기**
다섯째 모양에서 가장 작은 정삼각형 25개 중 4개의 넓이의 합이 $1\dfrac{1}{3}$ m²입니다.

(가장 큰 정삼각형의 넓이)$\times \dfrac{4}{25} = 1\dfrac{1}{3}$

➡ (가장 큰 정삼각형의 넓이)
$= 1\dfrac{1}{3} \div \dfrac{4}{25} = \overset{1}{\cancel{\dfrac{4}{3}}} \times \dfrac{25}{\underset{1}{\cancel{4}}} = \dfrac{25}{3} = 8\dfrac{1}{3}$ (m²)

답 $8\dfrac{1}{3}$ m²

조건을 따져 해결하기

익히기

34~35쪽

1

분수의 나눗셈

문제 분석 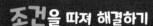 에 들어갈 수 있는 자연수
$\dfrac{1}{3}$, $\dfrac{1}{2}$

풀이 ❶ $\dfrac{4}{3}$, $\dfrac{\bigstar}{18}$
❷ $\dfrac{\bigstar}{18}$ / $\dfrac{6}{18}$, $\dfrac{\bigstar}{18}$, $\dfrac{9}{18}$ / 7, 8

답 7, 8

2

문제 분석 27.4 kg짜리 상자를 한 번에 몇 개까지 실어서 옮길 수 있습니까?

800 / 79.7, 49

해결 전략 (자연수)

풀이 ❶ 800, 79.7, 49, 671.3
❷ 671.3, 24.5 / 24

답 24

적용하기

36~39쪽

1

❶ 각각의 거리를 통분하면

$\frac{4}{5} = \frac{160}{200}$, $\frac{147}{200}$, $\frac{18}{25} = \frac{144}{200}$ 입니다.

$\frac{18}{25} < \frac{147}{200} < \frac{4}{5}$ 이므로 인성이네 집에서

가장 먼 곳은 학교, 가장 가까운 곳은 도서관 입니다.

❷ 집에서 가장 먼 곳까지의 거리는 가장 가까운 곳까지의 거리의

$\frac{4}{5} \div \frac{18}{25} = \frac{\overset{2}{\cancel{4}}}{\cancel{5}} \times \frac{\overset{5}{\cancel{25}}}{\cancel{18}} = \frac{10}{9} = 1\frac{1}{9}$ (배)입니다.

답 $1\frac{1}{9}$배

2

❶ $5.684 \div 0.35 = 16.24$

❷ $40.33 \div 2.18 = 18.5$

❸ $16.24 < \square < 18.5$이므로 $\square$ 안에 들어갈 수 있는 자연수를 모두 구하면 17, 18입니다.

답 17, 18

3

❶ 나누어지는 수가 클수록 나누는 수가 작을수록 몫이 큽니다.

주어진 수의 크기를 비교하면

$\frac{2}{3} < 1\frac{2}{5} < 2\frac{1}{3} < 3 < 3\frac{1}{2}$ 입니다.

- 나누어지는 수: 가장 큰 수인 $3\frac{1}{2}$

- 나누는 수: 가장 작은 수인 $\frac{2}{3}$

❷ $3\frac{1}{2} \div \frac{2}{3} = \frac{7}{2} \times \frac{3}{2} = \frac{21}{4} = 5\frac{1}{4}$

답 $5\frac{1}{4}$

4

❶ 물탱크에 더 채워야 하는 물은
$100 - 51 = 49$ (L)입니다.

❷ (더 채워야 하는 물 양)÷(한 바가지의 들이)
$= 49 \div 1.6 = 30.625$이므로
물탱크에 물을 가득 채우려면 적어도 물을
$30 + 1 = 31$(번) 더 부어야 합니다.

답 31번

5

❶ $\frac{\square}{12} \div \frac{3}{4} = \frac{\square}{12} \div \frac{9}{12} = \square \div 9 = \frac{\square}{9}$

❷ $0.5 < \frac{\square}{12} \div \frac{3}{4} < 1 \Rightarrow 0.5 < \frac{\square}{9} < 1$

$\Rightarrow \frac{1}{2} < \frac{\square}{9} < 1 \Rightarrow \frac{9}{18} < \frac{\square \times 2}{18} < \frac{18}{18}$

$\Rightarrow 9 < \square \times 2 < 18$

$\square$ 안에 들어갈 수 있는 자연수는 5, 6, 7, 8 로 모두 4개입니다.

답 4개

6

❶ 나누는 수가 그대로일 때 나누어지는 수가 작을수록 몫이 작습니다.

주어진 수의 크기를 비교해 보면
$2 < 3 < 4 < 5$이므로 나누어지는 수는 가장

작은 대분수인 $2\frac{3}{5}$입니다.

❷ $2\frac{3}{5} \div \frac{4}{5} = \frac{13}{5} \div \frac{4}{5} = 13 \div 4 = \frac{13}{4} = 3\frac{1}{4}$

답 $3\frac{1}{4}$

7

❶ **몸무게가 가장 무거운 사람과 가장 가벼운 사람은 누구인지 알아보기**

세 사람의 몸무게를 소수로 나타내어 비교해 봅니다.

* 은서: 36.57 kg
* 준희: 34 kg 500 g＝34.5 kg
* 성욱: $34\frac{4}{5}$ kg＝$34\frac{8}{10}$ kg＝34.8 kg

34.5＜34.8＜36.57이므로 몸무게가 가장 무거운 사람은 은서, 가장 가벼운 사람은 준희입니다.

❷ **가장 무거운 사람의 몸무게는 가장 가벼운 사람의 몸무게의 몇 배인지 구하기**

36.57÷34.5＝1.06(배)

답 1.06배

8

❶ **수레에 더 실을 수 있는 무게는 몇 kg인지 구하기**

쌀 포대 4개의 무게가 40×7＝280 (kg)이므로 수레에 더 실을 수 있는 무게는
500－280＝220 (kg)입니다.

❷ **설탕 포대를 몇 개까지 더 실을 수 있는지 구하기**

(더 실을 수 있는 무게)÷(설탕 한 포대의 무게)
＝220÷12.5＝17.6이므로
12.5 kg짜리 설탕 포대를 17개까지 더 실을 수 있습니다.

답 17개

9

❶ **몫이 가장 크게 되도록 나누어지는 수와 나누는 수 만들기**

나누어지는 수가 클수록 나누는 수가 작을수록 몫이 큽니다.
주어진 수의 크기를 비교해 보면
9＞8＞4＞2＞1입니다.

* 나누어지는 수: 가장 큰 소수 두 자리 수인 9.84
* 나누는 수: 가장 작은 소수 한 자리 수인 1.2

❷ **구할 수 있는 가장 큰 몫 구하기**

9.84÷1.2＝8.2

답 8.2

단순화하여 해결하기

익히기

1

문제 분석 필요한 깃발은 모두 몇 개

37.8, 1.26

풀이 ❶ 37.8, 1.26, 30
❷ 1, 3, 1, 4 / 30 / 30, 31

답 31

2

문제 분석 가 수도와 나 수도를 동시에 틀어서 이 수조 4개에 물을 가득 채우는 데 걸리는 시간은 몇 분

3 / 6

풀이 ❶ 3, $\frac{1}{3}$ / 6, $\frac{1}{6}$ / $\frac{1}{3}$, $\frac{1}{6}$, $\frac{1}{2}$
❷ $\frac{1}{2}$ / $\frac{1}{2}$, 2, 8

답 8

적용하기

1

❶ (도막 수)＝(전체 끈의 길이)÷(한 도막의 길이)

$$=48\frac{3}{5}÷2\frac{7}{10}=\frac{243}{5}÷\frac{27}{10}$$

$$=\frac{\overset{9}{\cancel{243}}}{\underset{1}{\cancel{5}}}×\frac{\overset{2}{\cancel{10}}}{\underset{1}{\cancel{27}}}=18(도막)$$

❷

끈을 3도막으로 나누려면 3－1＝2(번) 잘라야 하고, 끈을 4도막으로 나누려면 4－1＝3(번) 잘라야 합니다.

➡ 끈을 18도막으로 나누어야 하므로
18－1＝17(번) 잘라야 합니다.

답 17번

2

❶ (가로등 사이의 간격 수)
= (도로 한쪽의 길이)÷(가로등 사이의 거리)
= $7.52÷0.04=188$(군데)

❷ 가로등 사이의 간격이 ■군데일 때 필요한 가로등은 (■+1)개입니다.
가로등 사이의 간격이 188군데이므로 필요한 가로등은 모두 $188+1=189$(개)입니다.

답 189개

3

❶ (나무 사이의 간격 수)
= (호수 둘레)÷(나무 사이의 거리)
= $924÷8.4=110$(군데)

❷   나무를 3그루 심을 때 나무 사이의 간격은 3군데 생기고, 나무를 4그루 심을 때 나무 사이의 간격은 4군데 생깁니다.
➡ 원 모양 호수의 둘레에 나무를 ■그루 심을 때 나무 사이의 간격은 ■군데 생깁니다.
나무 사이의 간격이 110군데이므로 필요한 나무는 모두 110그루입니다.

답 110그루

4

❶ 일의 전체 양을 1로 생각합니다.
(선빈이가 하루 동안 하는 일의 양)
$$=\frac{1}{3}÷5=\frac{1}{3}×\frac{1}{5}=\frac{1}{15}$$
(찬호가 하루 동안 하는 일의 양)
$$=\frac{4}{5}÷8=\frac{\overset{1}{4}}{5}×\frac{1}{\underset{2}{8}}=\frac{1}{10}$$

❷ (두 사람이 함께 하루 동안 하는 일의 양)
= (선빈이가 하루 동안 하는 일의 양)
+ (찬호가 하루 동안 하는 일의 양)
$$=\frac{1}{15}+\frac{1}{10}=\frac{2}{30}+\frac{3}{30}=\frac{5}{30}=\frac{1}{6}$$

❸ 두 사람이 함께 하루 동안 하는 일의 양은 전체의 $\frac{1}{6}$이므로 두 사람이 함께 일을 모두 끝내는 데 $1÷\frac{1}{6}=1×6=6$(일)이 걸립니다.

답 6일

5

❶ (올라간 층 수)
= (집까지 올라가는 데 걸린 시간)
÷(한 층을 올라가는 데 걸리는 시간)
$$=12÷1\frac{1}{5}=12÷\frac{6}{5}=\overset{2}{12}×\frac{5}{\underset{1}{6}}=10(층)$$

❷ 1층에서 ■층만큼 올라가면 (1+■)층에 도착하게 됩니다.
1층부터 10층만큼 올라갔으므로 은설이네 집은 $1+10=11$(층)에 있습니다.

답 11층

6

❶ (도막 수)
= (통나무의 전체 길이)÷(한 도막의 길이)
= $16.2÷1.8=9$(도막)

❷ 통나무를 ■도막으로 나누려면 (■-1)번 잘라야 합니다.
통나무를 9도막으로 나누어야 하므로 $9-1=8$(번) 잘라야 합니다.

❸ 통나무를 모두 8번 자르고, 8번째 자른 후에는 쉬지 않으므로 쉬는 횟수는 $8-1=7$(번)입니다.

❹ (통나무를 전부 자르는 데 걸리는 시간)
= (자르는 시간)+(쉬는 시간)
= $5×8+2×7=40+14=54$(분)

답 54분

7

❶ **자른 색 테이프는 모두 몇 도막이 되는지 구하기**
(도막 수)
= (전체 색 테이프의 길이)÷(한 도막의 길이)
$$=80÷1\frac{1}{4}=80÷\frac{5}{4}=\overset{16}{80}×\frac{4}{\underset{1}{5}}=64(도막)$$

❷ **색 테이프를 모두 몇 번 잘라야 하는지 구하기**
색 테이프를 ■도막으로 나누려면 (■-1)번 잘라야 합니다.
색 테이프를 64도막으로 나누어야 하므로 $64-1=63$(번) 잘라야 합니다.

답 63번

8

❶ 길 한쪽에 심어야 하는 꽃은 몇 송이인지 구하기
(꽃 사이의 간격 수)
$=$(길 한쪽의 길이)$\div$(꽃 사이의 거리)
$=59.8\div2.3=26$(군데)
꽃 사이의 간격이 26군데이므로 길 한쪽에 심어야 하는 꽃은 모두 $26+1=27$(송이)입니다.

❷ 길 양쪽에 심어야 하는 꽃은 몇 송이인지 구하기
길 한쪽에 꽃을 27송이 심어야 하므로 길 양쪽에 심어야 하는 꽃은 모두 $27\times2=54$(송이)입니다.

❸ 꽃을 사는 데 필요한 돈은 모두 얼마인지 구하기
300원짜리 꽃이 54송이 필요하므로 꽃을 사는 데 필요한 돈은 모두 $300\times54=16200$(원)입니다.

답 16200원

9

❶ 새연이가 하루에 하는 일의 양을 분수로 나타내기
일의 전체 양을 1로 생각합니다.
새연이가 혼자 일을 모두 끝내는 데 6일이 걸리므로 새연이가 하루 동안 하는 일의 양을 분수로 나타내면 $1\div6=\dfrac{1}{6}$입니다.

❷ 새연이와 준호가 함께 하루 동안 하는 일의 양을 분수로 나타내기
새연이와 준호가 일을 함께 하면 일을 모두 끝내는 데 4일이 걸리므로 새연이와 준호가 함께 하루 동안 하는 일의 양을 분수로 나타내면 $1\div4=\dfrac{1}{4}$입니다.

❸ 준호가 하루 동안 하는 일의 양을 분수로 나타내기
(준호가 하루 동안 하는 일의 양)
$=$(새연이와 준호가 함께 하루 동안 하는 일의 양)$-$(새연이가 하루 동안 하는 일의 양)
$=\dfrac{1}{4}-\dfrac{1}{6}=\dfrac{3}{12}-\dfrac{2}{12}=\dfrac{1}{12}$

❹ 준호가 혼자 이 일을 전체의 $\dfrac{1}{4}$만큼 하는 데 며칠이 걸리는지 구하기
준호가 하루 동안 하는 일의 양은 전체의 $\dfrac{1}{12}$

이므로 준호가 혼자 이 일을 전체의 $\dfrac{1}{4}$만큼 하는 데 $\dfrac{1}{4}\div\dfrac{1}{12}=\dfrac{1}{\overset{}{\underset{1}{4}}}\times\overset{3}{12}=3$(일)이 걸립니다.

답 3일

수·연산 마무리하기 1회

1 $3\dfrac{1}{3}$배

2 ㉠$=6$, ㉡$=7$, ㉢$=9$, ㉣$=5$

3 3   **4** 2.4 m   **5** $2\dfrac{2}{9}$ m

6 24개   **7** 12명   **8** 13, 14, 15

9 800 g   **10** 48개

---

1 식을 만들어 해결하기

(나 막대의 길이)$=1.6$ m $=1\dfrac{6}{10}$ m $=1\dfrac{3}{5}$ m
(가 막대의 길이)$\div$(나 막대의 길이)
$=5\dfrac{1}{3}\div1\dfrac{3}{5}=\dfrac{16}{3}\div\dfrac{8}{5}=\dfrac{\overset{2}{16}}{3}\times\dfrac{5}{\underset{1}{8}}$
$=\dfrac{10}{3}=3\dfrac{1}{3}$(배)

2 조건을 따져 해결하기

2㉣$2-252=0$이므로 ㉣$=5$입니다.
16㉢$-144=25$이고 $25+144=169$이므로
㉢$=9$입니다.
3㉠$\times4=144$이고 $144\div4=36$이므로
㉠$=6$입니다.
$36\times$㉡$=252$이고 $252\div36=7$이므로
㉡$=7$입니다.

3 규칙을 찾아 해결하기

$1.2\div0.33=3.6363\cdots\cdots$이므로 몫의 소수 첫째 자리부터 2개의 숫자 6, 3이 반복됩니다.
$100\div2=50$이므로 몫의 소수 100째 자리 숫자는 몫의 소수 둘째 자리 숫자와 같은 3입니다.

(철근 1 kg의 길이)
=(철근 3.65 kg의 길이)÷3.65
=4.38÷3.65=1.2 (m)

➡ (철근 2 kg의 길이)=(철근 1 kg의 길이)×2
=1.2×2=2.4 (m)

물 밖으로 나온 부분
물 안에 잠긴 부분

막대가 물 안에 잠긴 부분의 길이는 막대 길이의 $\frac{4}{5}$이므로 수영장 물의 깊이는 막대 길이의 $\frac{4}{5}$와 같습니다.

(막대의 길이)×$\frac{4}{5}$=$1\frac{7}{9}$

➡ (막대의 길이)=$1\frac{7}{9}÷\frac{4}{5}=\frac{\overset{4}{16}}{9}×\frac{5}{\underset{1}{4}}$

$=\frac{20}{9}=2\frac{2}{9}$ (m)

준서가 친구에게 주고 남은 젤리의 $\frac{5}{6}$가 15개이므로

(친구에게 주고 남은 젤리)×$\frac{5}{6}$=15

➡ (친구에게 주고 남은 젤리)

$=15÷\frac{5}{6}=\overset{3}{15}×\frac{6}{\underset{1}{5}}$=18(개)입니다.

전체 젤리의 $1-\frac{1}{4}=\frac{3}{4}$이 18개이므로

(전체 젤리)×$\frac{3}{4}$=18

➡ (전체 젤리)=$18÷\frac{3}{4}=\overset{6}{18}×\frac{4}{\underset{1}{3}}$=24(개)

입니다.

$760\frac{2}{5}$ kg=$760\frac{4}{10}$ kg=760.4 kg

760.4÷60.2=12.6……이므로
케이블카에는 12명까지 탈 수 있습니다.

주의 탈 수 있는 사람 수는 자연수로 나타내야 합니다.

$4\frac{4}{5}÷\frac{3}{8}=\frac{24}{5}×\frac{\overset{8}{8}}{\underset{1}{3}}=\frac{64}{5}=12\frac{4}{5}$,

33.22÷2.2=15.1

$12\frac{4}{5}$<□<15.1이므로 □ 안에 들어갈 수 있는 자연수를 모두 구하면 13, 14, 15입니다.

(우유 0.7 L의 무게)
=(우유가 2 L 들어 있는 병의 무게)
   −(우유를 0.7 L만큼 마신 후 잰 무게)
=3−2.23=0.77 (kg)
(우유 1 L의 무게)=(우유 0.7 L의 무게)÷0.7
=0.77÷0.7=1.1 (kg)
(우유 2 L의 무게)=(우유 1 L의 무게)×2
=1.1×2=2.2 (kg)
(빈 병의 무게)
=(우유가 2 L 들어있는 병의 무게)
   −(우유 2 L의 무게)
=3−2.2=0.8 (kg) ➡ 800 g

(직사각형 모양의 울타리의 둘레)
$=(52\frac{1}{2}+31\frac{1}{2})×2=84×2=168$ (m)
(기둥 사이의 간격 수)
=(직사각형 모양 울타리의 둘레)
   ÷(기둥 사이의 거리)
=168÷3.5=48(군데)
울타리의 둘레에 기둥을 세울 때 기둥 사이의 간격 수와 기둥 수가 같으므로 필요한 기둥은 모두 48개입니다.

참고 $52\frac{1}{2}÷3.5=52.5÷3.5=15$,

$31\frac{1}{2}÷3.5=31.5÷3.5=9$로 나누어떨어지므로 3.5 m 간격으로 기둥을 세울 때 울타리의 각 꼭짓점에 기둥을 세울 수 있습니다.

1 $5\frac{1}{4}$ cm	**2** 승호, 4자루	**3** 1.6배
4 $4\frac{13}{16}$	**5** 0.25	**6** 정육각형
7 5250원	**8** 5	**9** 24분

10 17통

1 식을 만들어 해결하기

직사각형의 짧은 변의 길이를 ■ cm라 하면
$8\frac{2}{3} \times$ ■ $=45\frac{1}{2}$이므로

■ $=45\frac{1}{2} \div 8\frac{2}{3} = \frac{91}{2} \div \frac{26}{3}$

$= \overset{7}{\frac{91}{2}} \times \frac{3}{\underset{2}{26}} = \frac{21}{4} = 5\frac{1}{4}$ (cm)입니다.

따라서 이 직사각형의 짧은 변은 $5\frac{1}{4}$ cm입니다.

2 식을 만들어 해결하기

(다홍이가 밤을 담은 자루 수)$=82.5 \div 3.3$
$\qquad\qquad\qquad\qquad\qquad =25$(자루)
(승호가 밤을 담은 자루 수)$=81.2 \div 2.8$
$\qquad\qquad\qquad\qquad\qquad =29$(자루)
따라서 $25<29$이므로 밤을 담은 자루는
승호가 $29-25=4$(자루) 더 많습니다.

3 식을 만들어 해결하기

(아버지와 어머니의 몸무게의 합)
$=75.2+54.24=129.44$ (kg)
(상훈이와 누나의 몸무게의 합)
$=35.2+45.7=80.9$ (kg)
➡ $129.44 \div 80.9 = 1.6$
따라서 아버지와 어머니의 몸무게의 합은 상훈이와 누나의 몸무게의 합의 1.6배입니다.

4 조건을 따져 해결하기

나누어지는 수가 그대로일 때 나누는 수가 작을수록 몫이 큽니다.
주어진 수의 크기를 비교해 보면

$2<5<6<7$이므로
만들 수 있는 가장 작은 진분수는 $\frac{2}{7}$입니다.

➡ $1\frac{3}{8} \div \frac{2}{7} = \frac{11}{8} \div \frac{2}{7} = \frac{11}{8} \times \frac{7}{2} = \frac{77}{16}$
$\qquad\qquad = 4\frac{13}{16}$

5 거꾸로 풀어 해결하기

■ $\times 3.34 = 0.835$이므로
■ $=0.835 \div 3.34 = 0.25$입니다.
▲ $\times 0.5 = 0.25$, ▲ $=0.25 \div 0.5 = 0.5$입니다.
■ $=0.25$, ▲ $=0.5$이므로
▲ $-$ ■ $=0.5-0.25=0.25$입니다.

6 단순화하여 해결하기

리본을 4번 자르면 $4+1=5$(도막)이 됩니다.
(리본 한 도막의 길이)
$=$(리본의 전체 길이)$\div$(도막 수)
$= 22\frac{1}{2} \div 5 = \overset{9}{\frac{45}{2}} \times \frac{1}{\underset{1}{5}} = \frac{9}{2} = 4\frac{1}{2}$ (cm)

(정다각형의 변의 수)
$=$(리본 한 도막의 길이)$\div$(한 변의 길이)
$= 4\frac{1}{2} \div \frac{3}{4} = \frac{9}{2} \div \frac{3}{4} = \frac{18}{4} \div \frac{3}{4}$
$= 18 \div 3 = 6$(개)
변이 6개인 정다각형은 정육각형입니다.

7 식을 만들어 해결하기

휘발유 1.2 L로 16.08 km를 갈 수 있으므로
휘발유 1 L로 갈 수 있는 거리는
$16.08 \div 1.2 = 13.4$ (km)입니다.
휘발유 1 L로 13.4 km를 갈 수 있으므로
33.5 km를 가는 데 필요한 휘발유는
$33.5 \div 13.4 = 2.5$ (L)입니다.
휘발유 1 L의 가격이 2100원이므로
33.5 km를 가는 데 필요한 휘발유의 값은
$2.5 \times 2100 = 5250$(원)입니다.

8 규칙을 찾아 해결하기

$60 \div 11 = 5.4545 \cdots\cdots$이므로 몫의 소수 첫째 자리부터 2개의 숫자 4, 5가 반복됩니다.

35÷2=17⋯1이므로 몫의 소수 35째 자리 숫자는 몫의 소수 첫째 자리 숫자와 같은 4이고, 몫의 소수 36째 자리 숫자는 5입니다.
몫을 반올림하여 소수 35째 자리까지 나타내려면 소수 36째 자리에서 반올림해야 합니다.
따라서 소수 36째 자리 숫자는 5이므로 몫을 반올림하여 소수 35째 자리까지 나타내면 소수 35째 자리 숫자는 5가 됩니다.

9 단순화하여 해결하기

욕조 하나를 가득 채우는 물의 양을 1로 생각합니다.
(가 수도에서 1분 동안 나오는 물 양)
$$= 1 \div 8 = \frac{1}{8}$$
(나 수도에서 1분 동안 나오는 물 양)
$$= \frac{1}{2} \div 6 = \frac{1}{2} \times \frac{1}{6} = \frac{1}{12}$$
두 수도를 동시에 틀어서 1분 동안 받을 수

있는 물의 양은 $\frac{1}{8} + \frac{1}{12} = \frac{3}{24} + \frac{2}{24} = \frac{5}{24}$ 입니다.
따라서 두 수도를 동시에 틀어서 욕조 5개에 물을 가득 채우는 데 걸리는 시간은
$$5 \div \frac{5}{24} = \overset{1}{5} \times \frac{24}{\underset{1}{5}} = 24(분)입니다.$$

10 조건을 따져 해결하기

$7.2 \ \text{m}^2$를 칠하는 데 페인트가 $1.8 \ \text{L}$ 필요하므로 $1 \ \text{m}^2$를 칠하는 데 필요한 페인트는
$1.8 \div 7.2 = 0.25 \ (\text{L})$입니다.
$1 \ \text{m}^2$를 칠하는 데 페인트가 $0.25 \ \text{L}$ 필요하므로 $93.8 \ \text{m}^2$를 칠하는 데 필요한 페인트는
$0.25 \times 93.8 = 23.45 \ (\text{L})$입니다.
한 통에 들어 있는 페인트는 $1.4 \ \text{L}$이고
$23.45 \div 1.4 = 16.75$이므로
넓이가 $93.8 \ \text{m}^2$인 벽면을 모두 칠하려면 페인트가 적어도 17통 필요합니다.

2장 도형·측정

도형·측정 시작하기   56~57쪽

1 31.4, 3.14 **2** 밑면 / 옆면 **3** • •
                                        • •

4 가   **5** 가, 다 / 라 / 나

6
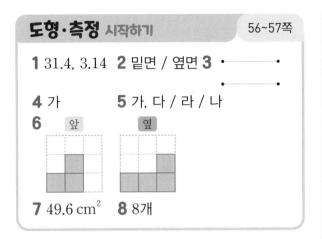

7 49.6 cm² **8** 8개

---

1 (원주율)＝(원주)÷(지름)

3 쌓기나무로 쌓은 모양을 위에서 본 모양은
1층에 쌓은 쌓기나무의 모양과 같습니다.

4 나: 옆면이 직사각형이 아닙니다.
다: 두 밑면이 서로 겹칩니다.

5 • 원기둥: 위와 아래에 있는 면이 서로 평행
하고 합동인 원으로 이루어진 입체도형
➡ 가, 다
• 원뿔: 평평한 면이 원인 뿔 모양의 입체도형
➡ 라
• 구: 공 모양 입체도형 ➡ 나

7 (원의 넓이)＝(반지름)×(반지름)×(원주율)
＝4×4×3.1＝49.6 (cm²)

8 1층에 5개, 2층에 2개, 3층에 1개를 쌓았으
므로 필요한 쌓기나무는 5＋2＋1＝8(개)입
니다.

식을 만들어 해결하기

익히기   58~59쪽

1   공간과 입체

문제 분석 누가 쌓기나무를 몇 개 더 많이 사용하였
습니까?

해결 전략 (1층)

풀이 ❶ 3, 1 / 3, 1, 9
❷ 5, 3 / 5, 3, 8
❸ 9, 8, (현지) / 9, 8, 1

답 현지, 1

2   원의 넓이

문제 분석 거울의 둘레는 몇 cm
251.1 / 3.1

해결 전략 반지름 / 지름

풀이 ❶ 3.1, 251.1 / 81, 9
❷ 9, 18 / 18, 3.1, 55.8

답 55.8

적용하기   60~63쪽

1   원의 넓이

❶ 타이어가 한 바퀴 굴러간 거리는 타이어의
원주와 같습니다.
(타이어의 원주)＝(지름)×(원주율)
＝62×3＝186 (cm)

❷ 타이어가 한 바퀴 굴러간 거리는 186 cm이므
로 4바퀴 굴러간 거리는 186×4＝744 (cm)
입니다.

답 744 cm

2   원의 넓이

❶ (피자 한 판의 넓이)
＝(반지름)×(반지름)×(원주율)
＝15×15×3.1＝697.5 (cm²)

❷ 피자 한 판을 6명이 똑같이 나누어 먹었으므
로 한 사람이 먹은 피자의 넓이는
697.5÷6＝116.25 (cm²)입니다.

답 116.25 cm²

3

❶ 쌓은 쌓기나무 수를 층별로 세어 봅니다.
1층: 6개, 2층: 3개, 3층: 1개
➡ (사용한 쌓기나무 수)=6+3+1=10(개)

❷ 쌓기나무 12개 중 10개를 쌓았으므로 남은 쌓기나무는 12−10=2(개)입니다.

답 2개

4

❶ 원기둥의 한 밑면의 둘레는 옆면의 가로와 같으므로 30 cm입니다.
밑면의 반지름을 □ cm라 하면
(한 밑면의 둘레)
=□×2×3=30 (cm)이므로
□×6=30, □=30÷6=5 (cm)입니다.
따라서 밑면의 반지름은 5 cm입니다.

❷ 원기둥의 밑면의 반지름은 5 cm이므로 한 밑면의 넓이는 5×5×3=75 (cm²)입니다.

답 75 cm²

5

❶ 각 자리에 쌓은 쌓기나무 수의 합을 구합니다.
(전체 쌓기나무 수)
=2+2+1+2+4+1+3=15(개)

❷ 위에서 본 모양은 1층에 쌓은 모양과 같으므로 1층에 쌓은 쌓기나무는 7개입니다.

❸ (2층 이상에 쌓은 쌓기나무 수)
=(전체 쌓기나무 수)
  −(1층에 쌓은 쌓기나무 수)
=15−7=8(개)

답 8개

다른 풀이

쌓은 모양을 위에서 본 모양의 각 자리에 2층 이상에 쌓은 쌓기나무의 수를 쓰고 합을 구합니다.

 ➡ 1+1+1+3+2=8(개)

6

❶ 원 가의 반지름을 □ cm라 하면
(원 가의 넓이)
=□×□×3.14=254.34 (cm²)입니다.
□×□=254.34÷3.14=81이고
9×9=81이므로 □=9 (cm)입니다.

❷ 원 나의 반지름은 원 가의 반지름의 $\frac{2}{3}$이므로
$\overset{3}{9}\times\dfrac{2}{\underset{1}{3}}=6$ (cm)입니다.

❸ 원 나의 반지름은 6 cm이므로 원 나의 원주는 6×2×3.14=37.68 (cm)입니다.

답 37.68 cm

7

❶ **처음에 쌓은 쌓기나무는 몇 개인지 구하기**
쌓은 쌓기나무 수를 층별로 세어 봅니다.
1층: 5개, 2층: 3개, 3층: 2개
➡ (사용한 쌓기나무 수)=5+3+2=10(개)

❷ **더 필요한 쌓기나무는 몇 개인지 구하기**
만들 수 있는 가장 작은 정육면체는 한 모서리에 쌓기나무를 3개씩 쌓은 모양이므로 가장 작은 정육면체를 만드는 데 필요한 쌓기나무는 모두 3×3×3=27(개)입니다.
따라서 더 필요한 쌓기나무는
27−10=17(개)입니다.

답 17개

8

❶ **캔이 한 바퀴 굴러간 거리는 몇 cm인지 구하기**
캔이 3바퀴 굴러간 거리가 65.1 cm이므로 캔이 한 바퀴 굴러간 거리는
65.1÷3=21.7 (cm)입니다.

❷ **캔의 밑면의 지름은 몇 cm인지 구하기**
캔이 한 바퀴 굴러간 거리는 캔의 한 밑면의 둘레와 같습니다.
캔의 밑면의 지름을 □ cm라 하면
(한 밑면의 둘레)
=□×3.1=21.7 (cm)이므로
□=21.7÷3.1=7 (cm)입니다.
따라서 캔의 밑면의 지름은 7 cm입니다.

답 7 cm

9

❶ 원 모양 색상지의 반지름은 몇 cm인지 구하기

원 모양 색상지의 지름을 □ cm라 하면

(원 모양 색상지의 둘레)

$=□×3=42$ (cm)이므로

$□=42÷3=14$ (cm)입니다.

원 모양 색상지의 지름이 14 cm이므로

반지름은 $14÷2=7$ (cm)입니다.

❷ 다율이가 사용한 색상지의 넓이는 몇 cm²인지 구하기

(원 모양 색상지의 넓이)

$=7×7×3=147$ (cm²)

➡ (다율이가 사용한 색상지의 넓이)

$=\overset{21}{\cancel{147}}×\dfrac{3}{\underset{1}{\cancel{7}}}=63$ (cm²)

답 $63\ \text{cm}^2$

그림을 그려 해결하기

익히기

64~65쪽

1

문제 분석   돌리기 전 평면도형 모양 종이의 넓이는 몇 cm²

⟨원뿔⟩ / 8 / 6

풀이   ❶

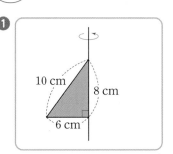

❷ 6, 8, ⟨직각삼각형⟩ / 8, 2, 24

답   24

2

문제 분석   원기둥의 옆면의 넓이는 몇 cm²

5 / 10

해결 전략   ⟨둘레⟩

풀이   ❶ 5 / 10 / 5, 3, 30 / 10

     ❷ 30, 10, 300

답   300

참고   (원기둥의 옆면의 넓이)

    =(한 밑면의 둘레)×(원기둥의 높이)

적용하기

66~69쪽

1

❶ 예

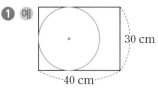

직사각형의 짧은 변의 길이가 30 cm이므로 도화지 안에 그릴 수 있는 가장 큰 원의 지름은 30 cm입니다.

❷ 도화지 안에 그릴 수 있는 가장 큰 원의 지름은 30 cm이므로 원주는

$30×3.14=94.2$ (cm)입니다.

답   94.2 cm

2

❶

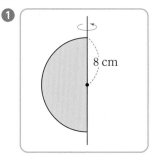

구는 반원을 지름을 기준으로 한 바퀴 돌려 만든 입체도형입니다. 주어진 구의 반지름은 8 cm이므로 돌리기 전 평면도형 모양 종이는 반지름이 8 cm인 반원입니다.

❷ 반지름이 8 cm인 반원의 넓이는

$8×8×3÷2=96$ (cm²)입니다.

답 $96\ \text{cm}^2$

3

❶ 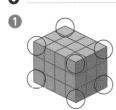 세 면이 색칠되는 쌓기나무는 직육면체의 꼭짓점에 있는 쌓기나무입니다.

❷ 직육면체의 꼭짓점은 8개이므로
세 면이 색칠되는 쌓기나무는 모두 8개입니다.

답 8개

주의 보이지 않는 부분도 생각해야 합니다.

4

❶ 주어진 원기둥을 위에서 본 모양은 반지름이 4 cm인 원이므로 둘레는 $4 \times 2 \times 3.1 = 24.8$ (cm)입니다.

❷ 주어진 원기둥을 앞에서 본 모양은 가로가 $4 \times 2 = 8$ (cm), 세로가 11 cm인 직사각형이므로

둘레는 $8 + 11 + 8 + 11 = 38$ (cm)입니다.

답 위: 24.8 cm, 앞: 38 cm

5

❶ 앞에서 보았을 때 가장 왼쪽은 3층으로, 가운데는 2층으로, 가장 오른쪽은 1층으로 그립니다.

❷ 옆에서 보았을 때 가장 왼쪽은 1층으로, 가운데는 2층으로, 가장 오른쪽은 3층으로 그립니다.

답
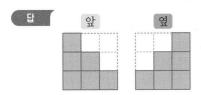

참고 앞이나 옆에서 본 모양을 그릴 때는 각 방향에서 보았을 때 가장 높은 층수만큼 그립니다.

6

❶ 원기둥의 밑면의 지름이 6 cm이므로 한 밑면의 둘레는 $6 \times 3 = 18$ (cm)입니다.

❷
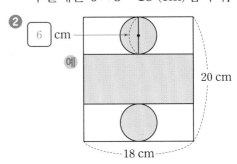

지름이 6 cm인 원을 밑면으로 하여 원기둥의 높이가 가장 높게 되도록 직사각형 모양 종이에 전개도를 그립니다.

❸ (원기둥의 높이)
= (직사각형 모양 종이의 세로)
   − (밑면의 지름) × 2
= $20 - 6 \times 2 = 20 - 12 = 8$ (cm)

답 8 cm

참고 전개도에서 밑면과 만나는 옆면의 가로는 한 밑면의 둘레인 18 cm와 같습니다.

7

❶ **만든 입체도형 그리기**

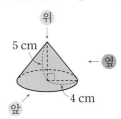
주어진 평면도형은 직각삼각형이고, 직각삼각형을 한 변을 기준으로 한 바퀴 돌려 만든 입체도형은 왼쪽과 같은 원뿔입니다.

❷ **위에서 본 모양의 넓이는 몇 cm²인지 구하기**

위에서 본 모양은 반지름이 4 cm인 원이므로 넓이는 $4 \times 4 \times 3.1 = 49.6$ (cm²)입니다.

답 49.6 cm²

8

❶ **주어진 물컵의 전개도 그리기**

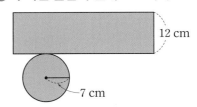

주어진 물컵은 밑면의 반지름이 7 cm이고, 높이가 12 cm인 뚜껑이 없는 원기둥입니다.

❷ **색칠한 부분의 넓이는 모두 몇 cm²인지 구하기**
(원기둥의 한 밑면의 넓이)
$=7 \times 7 \times 3 = 147$ (cm²)
(원기둥의 옆면의 넓이)
$=$(한 밑면의 둘레)$\times$(원기둥의 높이)
$=7 \times 2 \times 3 \times 12 = 504$ (cm²)
➡ (색칠한 부분의 넓이)
$=147 + 504 = 651$ (cm²)

답 651 cm²

주의 원기둥 모양의 물컵에 뚜껑이 없으므로 한 밑면의 넓이만 구해야 합니다.

9
원기둥·원뿔·구

❶ **돌리기 전 두 평면도형 모양 종이 각각 그리기**

혜리가 만든 입체도형은 밑면의 지름이 10 cm이고 높이가 6 cm인 원기둥이므로 돌리기 전 평면도형 모양 종이는 긴 변이 6 cm, 짧은 변이 5 cm인 직사각형입니다.

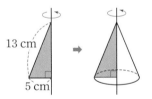

수혁이가 만든 입체도형은 밑면의 반지름이 5 cm이고 모선의 길이가 13 cm인 원뿔이므로 돌리기 전 평면도형 모양 종이는 밑변이 5 cm인 직각삼각형입니다.

❷ **수혁이가 만든 입체도형의 높이는 몇 cm인지 구하기**
직사각형의 넓이는 $6 \times 5 = 30$ (cm²)이므로 직각삼각형의 넓이도 30 cm²입니다.
$5 \times$(높이)$\div 2 = 30$ (cm²)
➡ (높이)$=30 \times 2 \div 5 = 12$ (cm)
따라서 수혁이가 만든 입체도형의 높이는 직각삼각형의 높이와 같으므로 12 cm입니다.

답 12 cm

조건을 따져 해결하기

익히기
70~71쪽

1
원의 넓이

문제 분석 색칠한 부분의 넓이는 몇 cm²
8, 8

풀이 ❷ 8 / 8, 8, 48 / 8 / 8, 8, 32
❸ 48, 32, 16

답 16

2
공간과 입체

문제 분석 사용한 쌓기나무는 모두 몇 개

풀이 ❶ 2 / 3, 1 / 2
❷ 3, 2, 1, 2, 8

답 8

참고 소윤이가 쌓은 모양

적용하기
72~75쪽

1
원의 넓이

❶ ㉠ (원주)$=$(지름)$\times$(원주율)
➡ (지름)$=$(원주)$\div$(원주율)
$=80.6 \div 3.1 = 26$ (cm)
㉡ 28 cm
㉢ (원의 넓이)$=$(반지름)$\times$(반지름)$\times$(원주율)
➡ (반지름)$\times$(반지름)$=$(원의 넓이)$\div$(원주율)$=446.4 \div 3.1 = 144$이고
$12 \times 12 = 144$이므로 반지름은 12 cm입니다.
따라서 지름은 $12 \times 2 = 24$ (cm)입니다.

❷ 지름이 짧을수록 작은 원입니다.
세 원의 지름을 비교해 보면
㉢ 24 cm < ㉠ 26 cm < ㉡ 28 cm이므로 가장 작은 원은 ㉢입니다.

답 ㉢

2

❶ 직선 부분의 길이의 합은 11 cm의 2배이므로 22 cm입니다.

❷ 곡선 부분의 길이의 합은 반지름이 11 cm인 원의 원주의 $\frac{1}{2}$과 같습니다.

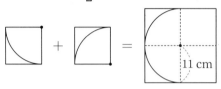

(곡선 부분의 길이)$=11 \times 2 \times 3 \div 2 = 33$ (cm)

❸ (색칠한 부분의 둘레)
$=$(직선 부분의 길이)$+$(곡선 부분의 길이)
$=22+33=55$ (cm)

답 55 cm

3

❶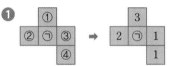

①번: 앞에서 본 모양과 옆에서 본 모양에 의해 3개입니다.
②번: 앞에서 본 모양에 의해 2개입니다.
③번: 앞에서 본 모양에 의해 1개입니다.
④번: 앞에서 본 모양에 의해 1개입니다.

❷ ①번에 3개, ②번에 2개이므로 ㉠에 쌓은 쌓기나무는 앞에서 본 모양과 옆에서 본 모양에 의해 1개이거나 2개입니다.

❸ ㉠에 쌓은 쌓기나무가 가장 적을 때는 1개입니다.

 ➡ (쌓은 쌓기나무 수)
$=3+2+1+1+1=8$(개)

답 8개

4

❶ 색칠하지 않은 부분은 반원과 직각삼각형의 공통 부분이므로 반원의 넓이와 직각삼각형의 넓이는 같습니다.

(직각삼각형의 넓이)
$=$(지름이 24 cm인 반원의 넓이)
$=12 \times 12 \times 3.14 \div 2 = 226.08$ (cm^2)

❷ (직각삼각형 ㄱㄴㄷ의 넓이)
$=24 \times$(변 ㄱㄷ)$\div 2 = 226.08$ (cm^2)이므로
(변 ㄱㄷ)$=226.08 \times 2 \div 24 = 18.84$ (cm)입니다.

답 18.84 cm

5

❶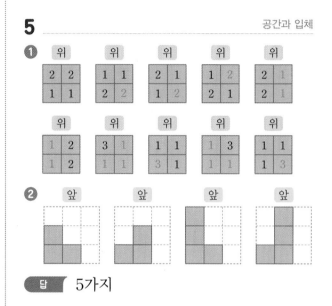

❷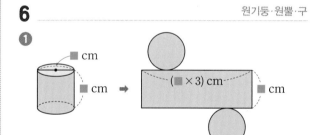

답 5가지

6

❶

원기둥의 밑면의 지름과 높이를 각각 ■ cm라 하면
(전개도의 옆면의 가로)$=$(한 밑면의 둘레)
$=$(밑면의 지름)$\times$(원주율)$=($■$\times 3)$ cm,
(전개도의 옆면의 세로)
$=$(원기둥의 높이)$=$■ cm입니다.
(옆면의 둘레)$=($■$\times 3 +$■$) \times 2 = 64$ (cm)
이므로 ■$\times 3 +$■$= 32$, ■$\times 4 = 32$,
■$= 32 \div 4 = 8$ (cm)입니다.
➡ 밑면의 지름은 8 cm입니다.

❷ 밑면의 지름이 8 cm이므로 반지름은
$8 \div 2 = 4$ (cm)입니다.

답 4 cm

7 공간과 입체

❶ 위에서 본 모양의 각 자리에 쌓은 쌓기나무의 수 써넣기

3		
㉠	1	2

㉠ 자리에 쌓은 쌓기나무는 1개이거나 2개입니다.

❷ 쌓기나무를 가장 많이 쌓은 경우에 쌓은 쌓기나무는 몇 개인지 구하기

3		
2	1	2

➡ (쌓은 쌓기나무 수)
=3+2+1+2=8(개)

답 8개

---

8 원기둥·원뿔·구

❶ 롤러를 한 바퀴 굴릴 때 페인트를 칠한 부분의 넓이는 몇 cm^2인지 구하기

롤러를 한 바퀴 굴릴 때 페인트를 칠한 부분의 넓이는 원기둥의 옆면의 넓이와 같습니다.
(옆면의 넓이)
=(한 밑면의 둘레)×(원기둥의 높이)
=15×15=225 (cm^2)

❷ 페인트를 칠한 부분의 넓이는 모두 몇 cm^2인지 구하기

롤러를 4바퀴 굴렸으므로 페인트를 칠한 부분의 넓이는 225×4=900 (cm^2)입니다.

답 900 cm^2

---

9 공간과 입체

❶ 쌓기나무 5개로 쌓을 수 있는 경우 모두 알아보기

❷ 쌓기나무 5개로 쌓은 모양 중 앞에서 본 모양이 서로 다른 경우는 모두 몇 가지인지 구하기

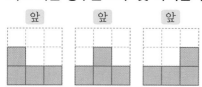

답 3가지

단순화 하여 해결하기

익히기 76~77쪽

1 원의 넓이

문제 분석 색칠한 부분의 넓이는 몇 cm^2
8

풀이 **❶**
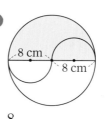
8
❷ 8, 8, 3.14, 2 / 100.48

답 100.48

---

2 공간과 입체

문제 분석 빼낸 쌓기나무는 모두 몇 개

풀이 **❶** 2, 3 / 3, 3
❷ 2, 3, 3, 3, 16

답 16

적용하기 78~81쪽

1 원의 넓이

❶

직선 부분에 밑면의 지름이 4번 들어가므로 사용한 테이프에서 직선 부분의 길이의 합은 밑면의 지름의 4배인 6×4=24 (cm)입니다.

❷
 ➡

사용한 테이프에서 곡선 부분의 길이의 합은 지름이 6 cm인 원의 원주와 같으므로 6×3.1=18.6 (cm)입니다.

❸ (사용한 테이프의 길이)
=(직선 부분의 길이)+(곡선 부분의 길이)
=24+18.6=42.6 (cm)

답 42.6 cm

2

❶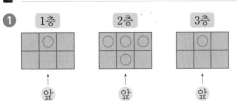

❷ 파란색 쌓기나무는 1층에 1개, 2층에 4개, 3층에 1개 있습니다.
  ➡ (사용한 파란색 쌓기나무 수)
   $=1+4+1=6(개)$

답 6개

3

❶ 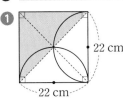 정사각형에 두 대각선을 긋고 색칠한 부분 중 일부를 옮기면 직각삼각형 모양이 됩니다.

❷ 색칠한 부분의 넓이는 밑변의 길이와 높이가 각각 22 cm인 직각삼각형의 넓이와 같습니다.
  ➡ (색칠한 부분의 넓이)$=22\times22\div2$
      $=242 (cm^2)$

답 $242 cm^2$

4

❶ 사각형의 네 각의 크기의 합은 $360°$이므로 원 4개에서 색칠하지 않은 부분의 넓이의 합은 원 한 개의 넓이와 같습니다.

❷ (색칠한 부분의 넓이의 합)
  $=$(원 4개의 넓이의 합)$-$(원 한 개의 넓이)
  $=$(원 3개의 넓이의 합)
  원의 반지름은 9 cm이므로
  색칠한 부분의 넓이의 합은
  $(9\times9\times3)\times3=729 (cm^2)$입니다.

답 $729 cm^2$

5

❶ 밑면의 지름이 12 cm이므로 사용한 리본에서 길이가 12 cm인 부분은 4군데입니다.

❷ 원기둥의 높이가 15 cm이므로 사용한 리본에서 길이가 15 cm인 부분은 4군데입니다.

❸ (사용한 리본의 전체 길이)
  $=12\times4+15\times4=48+60=108 (cm)$

답 108 cm

6

❶ 운동장 둘레에서 직선 구간의 길이의 합은 100 m씩 두 군데이므로 $100\times2=200 (m)$입니다.
  운동장 둘레에서 곡선 구간의 길이의 합은 지름이 30 m인 원의 원주와 같으므로
  $30\times3.14=94.2 (m)$입니다.
  (운동장 한 바퀴의 둘레)
  $=$(직선 구간의 길이)$+$(곡선 구간의 길이)
  $=200+94.2=294.2 (m)$

❷ 둘레가 294.2 m인 운동장을 10바퀴 달렸으므로 민아가 달린 거리는 모두
  $294.2\times10=2942 (m)$ ➡ 2 km 942 m
  입니다.

답 2 km 942 m

참고 운동장의 직선 구간과 곡선 구간의 길이를 각각 구하여 더합니다.

7

❶ **색칠한 부분의 일부를 옮겨서 넓이를 구하기 쉬운 도형으로 나타내기**

 색칠한 부분 중 직각삼각형 부분을 옮기면 반원 모양이 됩니다.

❷ **색칠한 부분의 넓이는 몇 cm^2인지 구하기**
  색칠한 부분의 넓이는 지름이 16 cm인 반원의 넓이와 같습니다.
  원의 반지름은 $16\div2=8 (cm)$이므로
  색칠한 부분의 넓이는
  $8\times8\times3\div2=96 (cm^2)$입니다.

답 $96 cm^2$

8

❶ **쌓은 모양을 층별로 나타낸 모양에 초록색 쌓기**

나무가 있는 곳 모두 찾아 ○표 하기

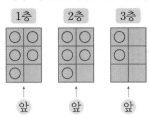

❷ 초록색 쌓기나무는 모두 몇 개인지 구하기

초록색 쌓기나무는 1층에 5개, 2층에 5개, 3층에 2개 있습니다.

➡ (사용한 초록색 쌓기나무 수)
　＝5＋5＋2＝12(개)

답 ▶ 12개

9
원의 넓이

❶ 원 3개에서 색칠하지 않은 부분의 넓이의 합은 몇 cm²인지 구하기

삼각형의 세 각의 크기의 합은 180°이므로 원 3개에서 색칠하지 않은 부분의 넓이의 합은 한 원의 넓이의 절반과 같습니다.

원의 반지름은 10 cm이므로 한 원의 넓이는 $10 \times 10 \times 3.1 = 310$ (cm²)입니다. 즉 원 3개에서 색칠하지 않은 부분의 넓이의 합은 $310 \div 2 = 155$ (cm²)입니다.

❷ 색칠한 부분의 넓이의 합은 몇 cm²인지 구하기

(색칠한 부분의 넓이의 합)
＝(원 3개의 넓이의 합)−(원 3개에서 색칠하지 않은 부분의 넓이의 합)
＝$310 \times 3 - 155 = 930 - 155 = 775$ (cm²)

답 ▶ 775 cm²

도형·측정 마무리하기 1회　82~85쪽

1 192 m	**2** 3개	**3** 62.8 cm²
4 8 cm²	**5** 20개	**6** 396.8 cm²
7 25 cm	**8** 392 cm²	**9** 91.4 cm
10 나 가게		

1 식을 만들어 해결하기

(바퀴가 한 바퀴 굴러간 거리)
＝(바퀴의 원주)
＝$0.4 \times 3 = 1.2$ (m)

(바퀴가 160바퀴 굴러간 거리)
＝$1.2 \times 160 = 192$ (m)
따라서 학교에서 도서관까지의 거리는 192 m입니다.

2 식을 만들어 해결하기

가 모양을 만드는 데 사용한 쌓기나무는 1층에 5개, 2층에 3개, 3층에 1개입니다.
➡ (쌓기나무 수)＝$5+3+1=9$(개)
나 모양을 만드는 데 사용한 쌓기나무는 1층에 7개, 2층에 4개, 3층에 1개입니다.
➡ (쌓기나무 수)＝$7+4+1=12$(개)
➡ $12-9=3$(개)

참고 쌓기나무 수를 층별로 세어 봅니다.

3 식을 만들어 해결하기

(큰 원의 반지름)＝$10-4=6$ (cm)
(큰 원의 넓이)＝$6 \times 6 \times 3.14 = 113.04$ (cm²)
(작은 원의 넓이)＝$4 \times 4 \times 3.14 = 50.24$ (cm²)
➡ (두 원의 넓이의 차)＝$113.04 - 50.24$
　　　　　　　　　　＝62.8 (cm²)

4 단순화하여 해결하기

정삼각형의 한 각의 크기는 60°이므로 주어진 도형의 넓이는 반지름이 4 cm인 원의 넓이의 $\dfrac{60°}{360°} = \dfrac{1}{6}$입니다.
반지름이 4 cm인 원의 넓이는 $4 \times 4 \times 3 = 48$ (cm²)이므로 주어진 도형의 넓이는 $\overset{8}{\cancel{48}} \times \dfrac{1}{\underset{1}{\cancel{6}}} = 8$ (cm²)입니다.

5 단순화하여 해결하기

처음에 쌓은 모양의 각 자리에서 빼낸 쌓기나무의 수를 알아봅니다.
㉠에서 0개, ㉡에서 2개, ㉢에서 1개, ㉣에서 3개, ㉤에서 3개, ㉥에서 4개, ㉦에서 3개, ㉧에서 4개를 빼내었습니다.

위에서 본 모양

➡ (빼낸 쌓기나무 수)
　＝$2+1+3+3+4+3+4=20$(개)

6 식을 만들어 해결하기

밑면의 반지름을 ▲ cm라 하면
(한 밑면의 넓이)
$= ▲ × ▲ × 3.1 = 198.4 \ (\text{cm}^2)$입니다.
$▲ × ▲ = 198.4 ÷ 3.1 = 64$이고
$8 × 8 = 64$이므로 $▲ = 8 \ (\text{cm})$입니다.
즉 주어진 원기둥은 밑면의 반지름이 8 cm이
고, 높이가 8 cm입니다.
(원기둥의 옆면의 넓이)
$= (옆면의 가로) × (옆면의 세로)$
$= (한 밑면의 둘레) × (원기둥의 높이)$
$= 8 × 2 × 3.1 × 8 = 396.8 \ (\text{cm}^2)$

7 그림을 그려 해결하기

구 ㉡을 앞에서 본 모양은
반지름이 15 cm인 원이므로
앞에서 본 모양의 둘레는
$15 × 2 × 3 = 90 \ (\text{cm})$입니다.

원기둥 ㉠을 앞에서 본 모양
은 왼쪽과 같은 직사각형입
니다.

원기둥 ㉠의 높이를 □ cm라 하면 원기둥
㉠을 앞에서 본 모양의 둘레는
$(20 + □) × 2 = 90 \ (\text{cm})$입니다.
➡ $20 + □ = 45$, $□ = 45 - 20 = 25 \ (\text{cm})$
따라서 원기둥의 높이는 25 cm입니다.

8 조건을 따져 해결하기

 28 cm 의 넓이는 14 cm 의

넓이의 8배입니다.

 $=$ $-$ 14 cm

$= (14 × 14 × 3 ÷ 4) - (14 × 14 ÷ 2)$
$= 147 - 98 = 49 \ (\text{cm}^2)$

따라서 색칠한 부분의 넓이는
$49 × 8 = 392 \ (\text{cm}^2)$입니다.

다른 풀이

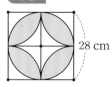

원 안에 색칠하지 않은 부분
의 넓이는 원 밖에 색칠하지
않은 부분의 넓이의 합과 같
습니다.

(정사각형의 넓이) $= 28 × 28 = 784 \ (\text{cm}^2)$
(원의 넓이) $= 14 × 14 × 3 = 588 \ (\text{cm}^2)$
(원 안에 색칠하지 않은 부분의 넓이)
$= (원 밖에 색칠하지 않은 부분의 넓이의 합)$
$= (정사각형의 넓이) - (원의 넓이)$
$= 784 - 588 = 196 \ (\text{cm}^2)$
➡ (색칠한 부분의 넓이)
$= (원의 넓이) - (원 안에 색칠하지 않은 부분의 넓이)$
$= 588 - 196 = 392 \ (\text{cm}^2)$

9 단순화하여 해결하기

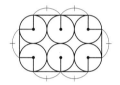

끈의 직선 부분에 밑면의 지름이 6번 들어가
므로 끈의 길이에서 직선 부분의 길이의 합은
밑면의 지름의 6배인 $10 × 6 = 60 \ (\text{cm})$입니다.

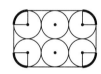 ➡

끈의 길이에서 곡선 부분의 길이의 합은 지름
이 10 cm인 원의 원주와 같으므로
$10 × 3.14 = 31.4 \ (\text{cm})$입니다.
➡ (필요한 끈의 길이)
$= (직선 부분의 길이) + (곡선 부분의 길이)$
$= 60 + 31.4 = 91.4 \ (\text{cm})$

10 조건을 따져 해결하기

두 가게의 피자 1 cm²만큼의 가격을 각각 구
하여 비교해 봅니다.
• 가 가게의 피자 한 판의 넓이:
$15 × 15 × 3 = 675 \ (\text{cm}^2)$
• 가 가게의 피자 1 cm²의 가격:
$15000 ÷ 675 = 22.22 \cdots \cdots \ (원)$
• 나 가게의 피자 한 판의 넓이:
$17 × 17 × 3 = 867 \ (\text{cm}^2)$

• 나 가게의 피자 1 cm²의 가격:

  17500÷867=20.18……(원)입니다.

피자 1 cm²의 가격을 비교해 보면

22.22……>20.18……으로 나 가게의 가격

이 더 저렴하므로 나 가게의 피자를 사 먹는

것이 더 이익입니다.

도형·측정 마무리하기 2회   86~89쪽

1 314 cm²   **2** 4개   **3** 43.4 cm

4 33.55 cm   **5** 30 cm²   **6** 120 cm²

7 풀이 참조   **8** 83.7 m²   **9** 769.6 cm²

10 4 cm

---

1 그림을 그려 해결하기

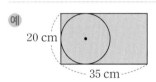

예

직사각형의 짧은 변의 길이가 20 cm이므로
직사각형 안에 그릴 수 있는 가장 큰 원의 지
름은 20 cm입니다.

원의 반지름은 20÷2=10 (cm)이므로
직사각형 안에 그릴 수 있는 가장 큰 원의
넓이는 10×10×3.14=314 (cm²)입니다.

2 식을 만들어 해결하기

3 이상의 수가 쓰여 있는 자리는 3층에 쌓기
나무가 있습니다.

3 이상의 수가 쓰여 있는 자리를 모두 찾아보
면 4군데이므로 3층에 쌓은 쌓기나무는 4개
입니다.

3 그림을 그려 해결하기

지름을 기준으로 반원 모양 종이를 한 바퀴
돌려 만든 입체도형은 구입니다.

구를 위에서 본 모양은 지름이 14 cm인 원입
니다.

따라서 만든 입체도형을 위에서 본 모양의
둘레는 14×3.1=43.4 (cm)입니다.

4 단순화하여 해결하기

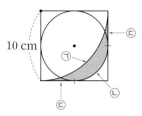

그림과 같이 색칠한 부분의 둘레를

㉠, ㉡, ㉢ 세 부분으로 나누어 생각합니다.

㉠ 부분의 길이는 반지름이 10 cm인 원주
의 $\frac{1}{4}$이므로 10×2×3.14÷4=15.7 (cm)

입니다.

㉡ 부분의 길이는 지름이 10 cm인 원주의

$\frac{1}{4}$이므로 10×3.14÷4=7.85 (cm)입니다.

㉢ 부분의 길이는 정사각형의 한 변의 길이의

$\frac{1}{2}$이므로 10÷2=5 (cm)입니다.

➡ (색칠한 부분의 둘레)

  =㉠+㉡+㉢×2=15.7+7.85+5×2

  =33.55 (cm)

5 그림을 그려 해결하기

위, 앞, 옆에서 보았을 때 보이지 않는 겉면이
없는 경우

(모든 겉면의 수)

=(위, 앞, 옆에서 본 면의 수의 합)×2입니다.

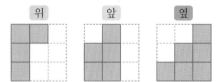

(모든 겉면의 수)=(4+5+6)×2

               =15×2=30(개)

쌓기나무 한 개의 한 면의 넓이는 1 cm²이므로
쌓은 모양의 겉넓이는 30 cm²입니다.

6 단순화하여 해결하기

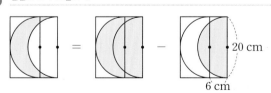

(색칠한 부분의 넓이)

=(지름이 20 cm인 반원의 넓이)+(가로가
  6 cm, 세로가 20 cm인 직사각형의 넓이)

  -(지름이 20 cm인 반원의 넓이)

=(가로가 6 cm, 세로가 20 cm인 직사각형
　의 넓이)
=6×20=120 (cm²)

7 그림을 그려 해결하기

쌓기나무 11개로 쌓은 모양이므로 보이지 않
는 부분에는 쌓기나무가 없습니다. 분홍색 쌓
기나무를 빼낸 후 남아 있는 쌓기나무의 수를
각 자리에 써 봅니다.

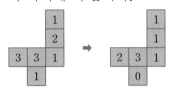

분홍색 쌓기나무 3개를 빼낸 후 위, 앞, 옆에
서 본 모양을 각각 그립니다.

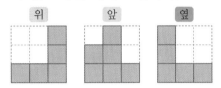

참고 앞이나 옆에서 본 모양을 그릴 때는 각
방향에서 보았을 때 가장 높은 층수만큼 그립
니다.

8 그림을 그려 해결하기

염소가 움직일 수 있는 부분은 다음 그림에서
색칠한 부분의 넓이와 같습니다.

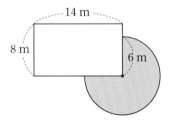

색칠한 부분의 넓이는 반지름이 6 m인 원의
넓이의 $\frac{3}{4}$(=0.75)입니다.

반지름이 6 m인 원의 넓이는
6×6×3.1=111.6 (m²)이므로
염소가 움직일 수 있는 부분의 넓이는
111.6×0.75=83.7 (m²)입니다.

9 그림을 그려 해결하기

주어진 상자의 전개도를 그려 봅니다.

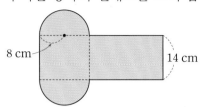

두 밑면의 넓이의 합은 반지름이 8 cm인
원의 넓이와 같으므로
8×8×3.1=198.4 (cm²)입니다.
(옆면의 가로)
=(밑면의 지름)+(반지름이 8 cm인 원의 원주
　의 $\frac{1}{2}$)
=(8×2)+(8×2×3.1÷2)
=16+24.8=40.8 (cm)
옆면의 가로는 40.8 cm이고 옆면의 세로는
14 cm이므로
옆면의 넓이는 40.8×14=571.2 (cm²)입
니다.
상자의 겉넓이는
198.4+571.2=769.6 (cm²)이므로 필요한
포장지의 넓이는 적어도 769.6 cm²입니다.

10 조건을 따져 해결하기

원기둥의 전개도에서 한 밑면의 둘레와 옆면
의 가로는 같습니다.
원기둥의 한 밑면의 둘레를 ◆ cm라 하면
(전개도의 둘레)=◆×4+6×2=61.6 (cm)
이므로 ◆×4+12=61.6, ◆×4=49.6,
◆=49.6÷4=12.4 (cm)입니다.
따라서 한 밑면의 둘레는 12.4 cm입니다.
밑면의 지름을 ▲ cm라 하면
(한 밑면의 둘레)=▲×3.1=12.4 (cm)
이므로 ▲=12.4÷3.1=4 (cm)입니다.
따라서 원기둥의 밑면의 지름은 4 cm입니다.

참고
(한 밑면의 둘레)=(옆면의 가로)=◆ cm
(전개도의 둘레)
=(한 밑면의 둘레)×2+(옆면의 가로)×2
　+(옆면의 세로)×2
=◆×2+◆×2+6×2
=◆×4+12

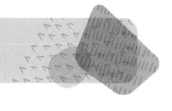

규칙성·자료와 가능성

 **시작하기** 92~93쪽

1 6 : 11

2 (선 연결)

3 3 / 5

4 9 : 5

5 8, 20

6 2, 8 / 28

7 예

8 15 / 25

---

2 · 2 : 3의 전항과 후항에 3을 곱하면 6 : 9입니다.

· 16 : 20의 전항과 후항을 4로 나누면 4 : 5입니다.

참고 비의 전항과 후항에 0이 아닌 같은 수를 곱하여도 비율은 같습니다.
비의 전항과 후항을 0이 아닌 같은 수로 나누어도 비율은 같습니다.

3 9 : 15의 전항과 후항을 3으로 나누어 간단한 자연수의 비로 나타내면 3 : 5입니다.

4 주어진 직사각형의 가로와 세로의 비는 $2.7 : 1\frac{1}{2}$입니다.

$$2.7 : 1\frac{1}{2} = 2.7 : 1.5$$
$$= (2.7 \times 10) : (1.5 \times 10)$$
$$= 27 : 15 = (27 \div 3) : (15 \div 3)$$
$$= 9 : 5$$

5 주어진 비의 비율을 각각 구해 봅니다.

$2 : 5 \Rightarrow \frac{2}{5}$, $12 : 25 \Rightarrow \frac{12}{25}$,

$8 : 20 \Rightarrow \frac{8}{20} = \frac{2}{5}$, $6 : 10 \Rightarrow \frac{6}{10} = \frac{3}{5}$

따라서 2 : 5와 비율이 같은 비는 8 : 20이므로 비례식으로 나타내면 2 : 5 = 8 : 20입니다.

6 비례식에서 외항의 곱과 내항의 곱은 같습니다.
2 : 7 = 8 : ▲ ➡ 2 × ▲ = 7 × 8,
2 × ▲ = 56, ▲ = 56 ÷ 2 = 28

8 · $40 \times \frac{3}{3+5} = 40 \times \frac{3}{8} = 15$

· $40 \times \frac{5}{3+5} = 40 \times \frac{5}{8} = 25$

식을 만들어 해결하기

익히기 94~95쪽

1

비례식과 비례배분

문제 분석 윤지는 민호보다 종이학을 몇 개 더 접었습니까?
4, 5 / 200

풀이 ❶ 4, 5 / 4, 5, 4, 1000, 250 / 250
❷ 250, 200 / 50

답 50

다른 풀이

민호가 접은 종이학 수는 전체의 $\frac{4}{9}$이고,

윤지가 접은 종이학 수는 전체의 $\frac{5}{9}$이므로

두 사람이 접은 종이학 수의 차는

전체의 $\frac{5}{9} - \frac{4}{9} = \frac{1}{9}$입니다.

전체의 $\frac{4}{9}$가 200개이므로

전체의 $\frac{1}{9}$은 200 ÷ 4 = 50(개)입니다.

따라서 윤지는 민호보다 종이학을 50개 더 접었습니다.

2

문제 분석 초아와 동생은 초콜릿을 각각 몇 개씩 먹었습니까?

40 / 8 / 5, 3

풀이 ❶ 8, 32

❷ 32, 5, 3, 20 / 32, 3, 3, 12 / 20, 12

답 20, 12

적용하기 96~99쪽

1

❶ 사과가 360개 있을 때 배의 수를 □개라 하고 비례식을 세우면

7 : 6=□ : 360입니다.

➡ $7 \times 360 = 6 \times \square$, $6 \times \square = 2520$,

$\square = 2520 \div 6 = 420$

따라서 배는 420개입니다.

❷ 배는 420개 있고, 사과는 360개 있으므로 배는 사과보다 420−360=60(개) 더 많이 있습니다.

답 60개

다른 풀이

배의 수는 전체의 $\frac{7}{13}$이고, 사과의 수는 전체의 $\frac{6}{13}$이므로 배는 사과보다

전체의 $\frac{7}{13} - \frac{6}{13} = \frac{1}{13}$만큼 더 많이 있습니다.

전체의 $\frac{6}{13}$이 360개이므로

전체의 $\frac{1}{13}$은 360÷6=60(개)입니다.

따라서 배는 사과보다 60개 더 많이 있습니다.

2

❶ (골을 넣은 횟수) : (공을 던진 횟수)

=8 : 12=(8÷4) : (12÷4)=2 : 3

❷ 공을 102번 던질 때 골을 □번 넣었다고 하고 비례식을 세우면 2 : 3=□ : 102입니다.

➡ $2 \times 102 = 3 \times \square$, $3 \times \square = 204$,

$\square = 204 \div 3 = 68$

따라서 이 선수가 같은 비율로 골을 넣는다면 공을 102번 던질 때 골을 68번 넣을 수 있습니다.

답 68번

참고 간단한 자연수의 비로 나타내지 않고 비례식을 세워도 됩니다.

3

❶ 잡곡과 쌀 무게의 비율이

$0.375 = \frac{375}{1000} = \frac{3}{8}$이므로

(잡곡 무게) : (쌀 무게)=3 : 8입니다.

❷ 쌀을 320 g 준비할 때 준비해야 할 잡곡의 무게를 □g이라 하고 비례식을 세우면

3 : 8=□ : 320입니다.

➡ $3 \times 320 = 8 \times \square$, $8 \times \square = 960$,

$\square = 960 \div 8 = 120$

따라서 잡곡은 120 g 준비해야 합니다.

답 120 g

4

❶ 선물 값 9600원을 3 : 5로 비례배분합니다.

• 건우: $9600 \times \frac{3}{3+5} = 9600 \times \frac{3}{8} = 3600$(원)

• 형: $9600 \times \frac{5}{3+5} = 9600 \times \frac{5}{8} = 6000$(원)

❷ 건우는 3600원을 내고, 형은 6000원을 냈으므로 형은 건우보다 6000−3600=2400(원)을 더 냈습니다.

답 2400원

다른 풀이

건우는 선물 값의 $\frac{3}{8}$을 내고, 형은 선물 값의 $\frac{5}{8}$를 냈으므로 형은 건우보다 선물 값의

$\frac{5}{8} - \frac{3}{8} = \frac{2}{8} = \frac{1}{4}$만큼을 더 냈습니다.

따라서 형은 건우보다 $\overset{2400}{\cancel{9600}} \times \frac{1}{\cancel{4}} = 2400$(원)을 더 냈습니다.

5

❶ 0.25 km＝250 m＝25000 cm

(지도에서의 거리) : (실제 거리)＝1 : 25000

❷ 기차역에서 시청까지의 거리를 지도에 3 cm 로 나타냈을 때 기차역에서 시청까지의 실제 거리를 ☐ cm라 하고 비례식을 세우면

1 : 25000＝3 : ☐입니다.

➡ $1 \times \square = 25000 \times 3$, $\square = 75000$

따라서 75000 cm＝750 m이므로 기차역에서 시청까지의 실제 거리는 750 m입니다.

답 750 m

6

❶ (가로)＋(세로)＝(직사각형의 둘레)÷2

    ＝210÷2＝105 (cm)

❷ 가로와 세로의 합 105 cm를 4 : 3으로 비례 배분합니다.

• 가로: $105 \times \dfrac{4}{4+3} = 105 \times \dfrac{4}{7} = 60$ (cm)

• 세로: $105 \times \dfrac{3}{4+3} = 105 \times \dfrac{3}{7} = 45$ (cm)

❸ (포장지의 넓이)＝(가로)×(세로)

    ＝60×45＝2700 (cm²)

답 2700 cm²

7

❶ **막대의 길이와 막대의 그림자 길이의 비를 간단한 자연수의 비로 나타내기**

(막대의 길이) : (막대의 그림자 길이)

＝3 : 4.2＝(3×10) : (4.2×10)

＝30 : 42＝(30÷6) : (42÷6)＝5 : 7

❷ **피라미드의 높이는 몇 m인지 구하기**

피라미드의 그림자 길이가 196 m일 때 피라미드의 높이를 ☐ m라 하고 비례식을 세우면

5 : 7＝☐ : 196입니다.

➡ $5 \times 196 = 7 \times \square$, $7 \times \square = 980$,

    $\square = 980 \div 7 = 140$

따라서 피라미드의 높이는 140 m입니다.

답 140 m

8

❶ **수빈이가 먹고 남은 사탕은 몇 개인지 구하기**

수빈이가 먹고 남은 사탕은 전체의 $1 - \dfrac{1}{3} = \dfrac{2}{3}$

이므로 $\overset{18}{54} \times \dfrac{2}{\underset{1}{3}} = 36$(개)입니다.

❷ **주희와 별아에게 나누어 준 사탕은 각각 몇 개인지 구하기**

먹고 남은 사탕 36개를 5 : 4로 비례배분합니다.

• 주희: $36 \times \dfrac{5}{5+4} = 36 \times \dfrac{5}{9} = 20$(개)

• 별아: $36 \times \dfrac{4}{5+4} = 36 \times \dfrac{4}{9} = 16$(개)

답 주희: 20개, 별아: 16개

9

❶ **번개를 본 후 ☐초 후에 천둥소리를 들었다고 하여 비례식 세우기**

준석이가 번개를 본 후 ☐초 후에 천둥소리를 들었다고 하여 비례식을 세우면

1 : 0.34＝☐ : 2.72입니다.

❷ **번개를 본 후 몇 초 후에 천둥소리를 들었는지 구하기**

$1 \times 2.72 = 0.34 \times \square$, $0.34 \times \square = 2.72$,

$\square = 2.72 \div 0.34 = 8$

따라서 준석이는 번개를 본 후 8초 후에 천둥소리를 들었습니다.

답 8초 후

참고 번개를 본 후 ☐초 후에 2.72 km 떨어진 곳에서 천둥소리를 들었으므로 천둥소리가 ☐초 동안 2.72 km를 간 것과 같습니다.

이를 이용하여 소리를 듣는 데 걸린 시간과 소리가 간 거리의 비로 비례식을 세웁니다.

표를 만들어 해결하기

익히기 100~101쪽

1

문제 분석 흰색 물감은 몇 mL 섞었습니까?

5, 13 / 32

풀이 ❶

보라색 물감 양 (mL)	5	10	15	20	25	……
흰색 물감 양 (mL)	13	26	39	52	65	……
차 (mL)	8	16	24	32	40	……

❷ 52

답 52

다른 전략 식을 만들어 해결하기

(보라색 물감 양) : (흰색 물감 양)=5 : 13이므로
(보라색 물감과 흰색 물감 양의 차) : (흰색 물감 양)
=(13-5) : 13=8 : 13입니다.
섞은 보라색 물감과 흰색 물감 양의 차가 32 mL
일 때 섞은 흰색 물감 양을 □ mL라 하고 비례
식을 세우면 8 : 13=32 : □입니다.
➡ 8×□=13×32, 8×□=416,
　　□=416÷8=52
따라서 섞은 흰색 물감은 52 mL입니다.

참고 전항과 후항이 각각 ■배가 되면 전항과 후항의 차도 각각 ■배가 됩니다.

2
비례식과 비례배분

문제 분석 사진의 세로는 몇 cm

$\dfrac{4}{7}$ / 700

풀이 ❶ 4, 7

❷

가로 (cm)	4	8	12	16	20	……
세로 (cm)	7	14	21	28	35	……
넓이 (cm²)	28	112	252	448	700	……

❸ 35

답 35

적용하기
102~105쪽

1
비례식과 비례배분

❶

전항	9	18	27	36	45	……
후항	5	10	15	20	25	……
합	14	28	42	56	70	……

❷ 위의 표에서 전항과 후항의 합이 56일 때
전항이 36, 후항이 20이므로 비는 36 : 20입
니다.

답 36 : 20

다른 전략 식을 만들어 해결하기

56을 9 : 5로 비례배분합니다.

• 전항: $56 \times \dfrac{9}{9+5} = 56 \times \dfrac{9}{14} = 36$

• 후항: $56 \times \dfrac{5}{9+5} = 56 \times \dfrac{5}{14} = 20$ ➡ 36 : 20

참고 전항과 후항이 각각 ■배가 되면 전항과 후항의 합도 각각 ■배가 됩니다.

2
비례식과 비례배분

❶

밀가루 무게 (g)	30	60	90	120	150	……
소금 무게 (g)	1	2	3	4	5	……
합 (g)	31	62	93	124	155	……

❷ 위의 표에서 밀가루와 소금 무게의 합이
155 g일 때 섞은 밀가루는 150 g이고, 섞은
소금은 5 g입니다.

답 밀가루: 150 g, 소금: 5 g

다른 전략 식을 만들어 해결하기

155 g을 30 : 1로 비례배분합니다.

• 밀가루: $155 \times \dfrac{30}{30+1} = 155 \times \dfrac{30}{31} = 150$ (g)

• 소금: $155 \times \dfrac{1}{30+1} = 155 \times \dfrac{1}{31} = 5$ (g)

3
비례식과 비례배분

❶ 3 : 1.6=(3×10) : (1.6×10)
　　　　＝30 : 16=(30÷2) : (16÷2)
　　　　＝15 : 8

❷

전항	15	30	45	60	75	……
후항	8	16	24	32	40	……
차	7	14	21	28	35	……

❸ 위의 표에서 전항과 후항의 차가 21일 때
전항이 45, 후항이 24이므로 비는 45 : 24입
니다.

답 45 : 24

4

❶

밑변의 길이 (cm)	3	6	9	12	15	18	……
높이 (cm)	2	4	6	8	10	12	……
넓이 (cm²)	3	12	27	48	75	108	……

❷ 위의 표에서 직각삼각형의 넓이가 108 cm²일 때 높이는 12 cm입니다.

[답] 12 cm

[참고] (직각삼각형의 넓이)
　　　＝(밑변의 길이)×(높이)÷2

5

❶ $3\dfrac{3}{10} : 1\dfrac{4}{5} = \dfrac{33}{10} : \dfrac{9}{5}$

$\qquad\qquad = (\dfrac{33}{10}×10) : (\dfrac{9}{5}×10)$

$\qquad\qquad = 33:18 = (33÷3):(18÷3)$

$\qquad\qquad = 11:6$

❷

전항	11	22	33	44	55	……
후항	6	12	18	24	30	……

❸ 위의 표에서 후항이 30보다 작은 비는
11 : 6, 22 : 12, 33 : 18, 44 : 24로 모두
4개입니다.

[답] 4개

6

❶ $0.09 = \dfrac{9}{100}$ ➡ $9:100$

❷

생산한 제품 수(개)	100	200	300	400	500	……
불량품 수(개)	9	18	27	36	45	……
팔 수 있는 제품 수(개)	91	182	273	364	455	……

❸ 위의 표에서 팔 수 있는 제품 수가 364개일 때 불량품은 36개입니다.

[답] 36개

[참고] (팔 수 있는 제품 수)
　　　＝(생산한 제품 수)－(불량품 수)

[다른 전략] 식을 만들어 해결하기

생산한 제품에 대한 불량품의 비가 9 : 100이 므로 팔 수 있는 제품에 대한 불량품의 비는
9 : (100－9) ＝ 9 : 91입니다.

오늘 팔 수 있는 제품이 364개일 때 오늘 나온 불량품 수를 □개라 하고 비례식을 세우면
9 : 91 ＝ □ : 364입니다.
➡ $9×364＝91×\Box$, $91×\Box＝3276$,
　 $\Box＝3276÷91＝36$
따라서 오늘 나온 불량품은 36개입니다.

7

❶ 비의 성질을 이용하여 표를 만들고 공책 수의 차 구해 보기

수지가 가진 공책 수 (권)	7	14	21	28	……
정호가 가진 공책 수 (권)	5	10	15	20	……
차 (권)	2	4	6	8	……

❷ 수지와 정호가 가진 공책은 모두 몇 권인지 구하기

위의 표에서 수지와 정호가 가진 공책 수의 차가 8권일 때 수지가 28권, 정호가 20권 가 졌습니다.
따라서 수지와 정호가 가진 공책은 모두
28＋20＝48(권)입니다.

[답] 48권

8

❶ 비율이 $2\dfrac{2}{3}$인 비를 간단한 자연수의 비로 나타 내기

$2\dfrac{2}{3} = \dfrac{8}{3}$ ➡ $8:3$

❷ 비의 성질을 이용하여 표를 완성하고 두 항의 합 구해 보기

전항	8	16	24	32	40	……
후항	3	6	9	12	15	……
합	11	22	33	44	55	……

❸ 전항과 후항의 합이 55인 비 구하기

위의 표에서 전항과 후항의 합이 55일 때 전항이 40, 후항이 15이므로 비는 40 : 15입 니다.

[답] 40 : 15

9

1 비의 성질을 이용하여 표를 만들고 넓이 구해 보기

가로 (m)	5	10	15	20	......
세로 (m)	4	8	12	16	......
넓이 (m²)	20	80	180	320	......

2 간이 축구장의 세로는 몇 m인지 구하기

위의 표에서 간이 축구장의 넓이가 320 m²일 때 세로는 16 m입니다.

답 16 m

조건을 따져 해결하기

익히기

1

문제 분석 직사각형 ㉠과 ㉡의 넓이는 각각 몇 cm²

136 / 8, 9

풀이 ❶ 가로 / 가로, 가로 / 8, 9

❷ 8, 8, 9, 64 / 9, 8, 9, 72

답 64, 72

2

문제 분석 톱니바퀴 ㉠이 8번 도는 동안 톱니바퀴 ㉡은 몇 번 돕니까?

24, 16, 8

해결 전략 ㉡, ㉠

풀이 ❶ 16, 2

❷ 2 / 2, 3

❸ 2, 3, 3, 2, 12 / 12

답 12

참고 (㉠의 톱니 수)×(㉠의 회전수)

= (㉡의 톱니 수)×(㉡의 회전수)

➡ 24×8=16×12

적용하기

1

❶ ▲ : 40의 비율은 $\dfrac{▲}{40}$이므로 $\dfrac{▲}{40}=\dfrac{5}{8}$,

▲=5×5=25입니다.

❷ ● : ■=25 : 40에서 내항의 곱이 200이므로

■×25=200, ■=200÷25=8입니다.

❸ ● : 8의 비율은 $\dfrac{●}{8}$이므로 $\dfrac{●}{8}=\dfrac{5}{8}$, ●=5

입니다.

●=5, ■=8, ▲=25이므로 조건에 알맞은 비례식은 5 : 8=25 : 40입니다.

답 5 : 8=25 : 40

2

❶ (원주)=(지름)×(원주율)이므로 원주율이 같을 때 두 원의 원주의 비는 두 원의 지름의 비와 같습니다.

➡ (원 가의 원주) : (원 나의 원주)

= (원 가의 지름) : (원 나의 지름)=5 : 2

❷ 원 나의 원주가 25.12 cm일 때 원 가의 원주를 □ cm라 하고 비례식을 세우면

5 : 2=□ : 25.12입니다.

➡ 5×25.12=2×□, 2×□=125.6,

□=125.6÷2=62.8

따라서 원 가의 원주는 62.8 cm입니다.

답 62.8 cm

3

❶ 비례식에서 외항의 곱과 내항의 곱은 같으므로 곱셈식 ㉮×$\dfrac{3}{5}$=㉯×1.2에서 ㉮와 $\dfrac{3}{5}$을 각각 외항에 놓고, ㉯와 1.2를 각각 내항에 놓아 비례식으로 나타낼 수 있습니다.

➡ ㉮ : ㉯=1.2 : $\dfrac{3}{5}$

❷ ㉮ : ㉯=1.2 : $\dfrac{3}{5}$=1.2 : 0.6

= (1.2×10) : (0.6×10)=12 : 6

= (12÷6) : (6÷6)=2 : 1

답 2 : 1

곱셈식 $\blacksquare \times \blacktriangle = \blacklozenge \times \bigstar$ 을

$$\underset{\text{내항}}{\overset{\text{외항}}{\text{비례식 } \blacksquare : \blacklozenge = \bigstar : \blacktriangle}} \text{ 로 나타낼 수 있습니다.}$$

4

❶ 두 사람이 지금 가지고 있는 머리끈 수 32개를 7 : 9로 비례배분합니다.

• 슬비: $32 \times \dfrac{7}{7+9} = 32 \times \dfrac{7}{16} = 14$(개)

• 하윤: $32 \times \dfrac{9}{7+9} = 32 \times \dfrac{9}{16} = 18$(개)

❷ 슬비는 머리끈을 잃어버리지 않았으므로 14개 가지고 있었습니다.
하윤이가 가지고 있던 머리끈 수를 □개라 하고 슬비와 하윤이가 가지고 있던 머리끈 수의 비로 비례식을 세우면 2 : 3 = 14 : □입니다.
➡ $2 \times □ = 3 \times 14$, $2 \times □ = 42$,
　$□ = 42 \div 2 = 21$

❸ 하윤이가 머리끈을 21개 가지고 있다가 몇 개를 잃어버려 18개가 되었으므로 잃어버린 머리끈은 $21 - 18 = 3$(개)입니다.

답　3개

5

❶ (㉠의 톱니 수) : (㉡의 톱니 수)
　$= 15 : 21 = (15 \div 3) : (21 \div 3) = 5 : 7$

❷ (㉠의 톱니 수) : (㉡의 톱니 수) $= 5 : 7$이므로
(㉠의 회전수) : (㉡의 회전수) $= 7 : 5$입니다.

❸ 톱니바퀴 ㉠이 14번 돌 때 톱니바퀴 ㉡의 회전수를 □번이라 하고 비례식을 세우면 $14 : □ = 7 : 5$입니다.
➡ $14 \times 5 = □ \times 7$, $□ \times 7 = 70$,
　$□ = 70 \div 7 = 10$
따라서 톱니바퀴 ㉠이 14번 도는 동안 톱니바퀴 ㉡은 10번 돕니다.

답　10번

참고 두 톱니바퀴 ㉠과 ㉡이 맞물려 돌아갈 때
(㉠의 톱니 수) × (㉠의 회전수)
$=$ (㉡의 톱니 수) × (㉡의 회전수)이므로
비례식의 성질을 이용하여 곱셈식을 비례식으로

바꾸어 나타내면
(㉠의 톱니 수) : (㉡의 톱니 수)
$=$ (㉡의 회전수) : (㉠의 회전수)입니다.
즉 (㉠의 톱니 수) : (㉡의 톱니 수) $= \blacksquare : \blacktriangle$
➡ (㉠의 회전수) : (㉡의 회전수) $= \blacktriangle : \blacksquare$입니다.

6

❶ 어제 오전 6시부터 오늘 오전 6시까지는 24시간이고, 오늘 오전 6시부터 오늘 오후 2시까지는 8시간입니다. 따라서 어제 오전 6시부터 오늘 오후 2시까지는 $24 + 8 = 32$(시간)입니다.

❷ 시계가 하루($= 24$시간)에 3분씩 빨라질 때 32시간 동안 □분 빨라진다고 하고 비례식을 세우면 $24 : 3 = 32 : □$입니다.
➡ $24 \times □ = 3 \times 32$, $24 \times □ = 96$,
　$□ = 96 \div 24 = 4$
따라서 이 시계는 32시간 동안 4분 빨라지므로 오늘 오후 2시에 시계가 가리키는 시각은 오후 2시 $+$ 4분 $=$ 오후 2시 4분입니다.

답　오후 2시 4분

주의 빨라지는 시계는 정확한 시각 이후의 시각을 가리킵니다.

7

❶ **삼각형 ㉠과 ㉡의 넓이의 비 알아보기**
삼각형 ㉠과 ㉡의 높이는 평행선 사이의 거리이므로 서로 같습니다.
(삼각형의 넓이) $=$ (밑변의 길이) × (높이) $\div 2$
이므로 높이가 같은 두 삼각형의 넓이의 비는 두 삼각형의 밑변의 길이의 비와 같습니다.
➡ (삼각형 ㉠의 넓이) : (삼각형 ㉡의 넓이)
　$=$ (삼각형 ㉠의 밑변의 길이) : (삼각형 ㉡의 밑변의 길이)
　$= 4.8 : 3.6$

❷ **삼각형 ㉠과 ㉡의 넓이의 비를 간단한 자연수의 비로 나타내기**
$4.8 : 3.6 = (4.8 \times 10) : (3.6 \times 10) = 48 : 36$
　　　$= (48 \div 12) : (36 \div 12) = 4 : 3$
따라서 삼각형 ㉠과 삼각형 ㉡의 넓이의 비를 간단한 자연수의 비로 나타내면 4 : 3입니다.

답　4 : 3

① **겹쳐진 부분의 넓이를 곱셈식으로 나타내기**

(겹쳐진 부분의 넓이)

$$=(직사각형\ ㉠의\ 넓이)\times\frac{4}{7}$$

$$=(직사각형\ ㉡의\ 넓이)\times\frac{2}{5}$$

② **직사각형 ㉠과 ㉡의 넓이의 비를 간단한 자연수의 비로 나타내기**

비례식에서 외항의 곱과 내항의 곱은 같으므로 곱셈식 (직사각형 ㉠의 넓이)$\times\dfrac{4}{7}=$(직사각형 ㉡의 넓이)$\times\dfrac{2}{5}$를 비례식으로 바꾸어 나타내면

(직사각형 ㉠의 넓이) : (직사각형 ㉡의 넓이)

$$=\frac{2}{5}:\frac{4}{7}$$ 입니다.

➡ (직사각형 ㉠의 넓이) : (직사각형 ㉡의 넓이)

$$=\frac{2}{5}:\frac{4}{7}=(\frac{2}{5}\times35):(\frac{4}{7}\times35)$$

$$=14:20=(14\div2):(20\div2)=7:10$$

답 $7:10$

9

비례식과 비례배분

① **남은 초콜릿과 사탕은 각각 몇 개인지 구하기**

남은 초콜릿과 사탕 수 28개를 $4:3$으로 비례배분합니다.

• 초콜릿: $28\times\dfrac{4}{4+3}=28\times\dfrac{4}{7}=16$(개)

• 사탕: $28\times\dfrac{3}{4+3}=28\times\dfrac{3}{7}=12$(개)

② **처음에 가지고 있던 초콜릿은 몇 개인지 구하기**

사탕은 먹지 않았으므로 12개 있었습니다.

처음에 가지고 있던 초콜릿 수를 □개라 하고 처음에 가지고 있던 초콜릿과 사탕 수의 비로 비례식을 세우면 $9:4=$□$:12$입니다.

➡ $9\times12=4\times$□, $4\times$□$=108$,

□$=108\div4=27$

③ **먹은 초콜릿은 몇 개인지 구하기**

초콜릿을 27개 가지고 있다가 몇 개를 먹었더니 16개가 남았으므로 먹은 초콜릿은 $27-16=11$(개)입니다.

답 11개

규칙성·자료와 가능성 마무리하기 **1**회 112~115쪽

1 $10:27$	**2** 56	**3** $2500\ g$
4 680권	**5** 90명	**6** $170\ cm$
7 $4:9=16:36$		**8** 1시간 20분
9 오후 5시 28분 30초		**10** $60\ cm^2$

1 조건을 따져 해결하기

밧줄의 길이는 $1\dfrac{2}{3}$ m $=\dfrac{5}{3}$ m이고,

리본의 길이는 4.5 m $=4\dfrac{1}{2}$ m $=\dfrac{9}{2}$ m입니다.

(밧줄의 길이) : (리본의 길이)

$$=\frac{5}{3}:\frac{9}{2}=(\frac{5}{3}\times6):(\frac{9}{2}\times6)=10:27$$

따라서 밧줄과 리본의 길이의 비를 간단한 자연수의 비로 나타내면 $10:27$입니다.

2 조건을 따져 해결하기

전항이 16, 후항이 □인 비 $16:$□의 비율은 $\dfrac{16}{□}$입니다. $\dfrac{16}{□}=\dfrac{2}{7}$이고 $2\times8=16$이므로 □$=7\times8=56$입니다.

따라서 전항이 16이고 비율이 $\dfrac{2}{7}$인 비의 후항은 56입니다.

3 식을 만들어 해결하기

빵을 만드는 데 사용하고 남은 밀가루는

$16-12=4$ (kg) ➡ 4000 g입니다.

$5>3$이므로 밀가루를 더 많이 담은 그릇에 담겨 있는 밀가루는

$$4000\times\frac{5}{5+3}=4000\times\frac{5}{8}=2500\ (g)$$ 입니다.

다른 풀이

밀가루를 더 많이 담은 그릇에 담겨 있는 밀가루는

$$4\times\frac{5}{5+3}=4\times\frac{5}{8}=\frac{5}{2}\ (kg)$$

➡ $\dfrac{\overset{}{5}}{\underset{1}{2}}\times\overset{500}{1000}=2500\ (g)$입니다.

4 식을 만들어 해결하기

(위인전 수) : (동화책 수) $=0.4:0.3=4:3$

이므로 동화책이 510권일 때 위인전 수를
▲권이라 하고 비례식을 세우면
4 : 3＝▲ : 510입니다.
➡ $4 \times 510 = 3 \times$ ▲, $3 \times$ ▲$=2040$,
   ▲$=2040 \div 3 = 680$
따라서 위인전은 680권 있습니다.

5 표를 만들어 해결하기

(어른 수) : (어린이 수)
$= 1\frac{3}{5} : 1.4 = 1.6 : 1.4$
$= (1.6 \times 10) : (1.4 \times 10) = 16 : 14$
$= (16 \div 2) : (14 \div 2) = 8 : 7$
비의 성질을 이용하여 표를 만들고 어른과 어
린이 수의 차를 각각 구해 봅니다.

어른 수 (명)	8	16	24	32	40	48	……
어린이 수 (명)	7	14	21	28	35	42	……
차 (명)	1	2	3	4	5	6	……

위의 표에서 어른과 어린이 수의 차가 6명일
때 어른은 48명, 어린이는 42명입니다.
따라서 박물관에 입장한 어른과 어린이는
모두 $48 + 42 = 90$(명)입니다.

참고 전항과 후항이 각각 ■배가 되면 전항과
후항의 차도 각각 ■배가 됩니다.

6 식을 만들어 해결하기

태극기의 세로가 34 cm일 때 가로를 □cm라
하고 비례식을 세우면 3 : 2＝□ : 34입니다.
➡ $3 \times 34 = 2 \times$ □, $2 \times$ □$=102$,
   □$=102 \div 2 = 51$
따라서 태극기의 가로는 51 cm입니다.
태극기의 가로는 51 cm, 세로는 34 cm이므
로 둘레는 $(51 + 34) \times 2 = 85 \times 2 = 170$ (cm)
가 됩니다.

7 조건을 따져 해결하기

• 비례식을 ㉠ : ㉡＝㉢ : 36이라고 하면
  ㉢ : 36의 비율은 $\frac{㉢}{36}$이므로 $\frac{㉢}{36} = \frac{4}{9}$,
  ㉢$=4 \times 4 = 16$입니다.
• ㉠ : ㉡＝16 : 36에서 외항의 곱이 144이
  므로 ㉠$\times 36 = 144$, ㉠$=144 \div 36 = 4$입
  니다.

• 4 : ㉡의 비율은 $\frac{4}{㉡}$이므로 $\frac{4}{㉡} = \frac{4}{9}$,
  ㉡＝9입니다.
따라서 조건에 알맞은 비례식은
4 : 9＝16 : 36입니다.

8 식을 만들어 해결하기

물이 5분에 22.5 L씩 나오는 수도를 틀어
물을 360 L 받는 데 걸리는 시간을 □분이라
하고 비례식을 세우면
5 : 22.5＝□ : 360입니다.
➡ $5 \times 360 = 22.5 \times$ □, $22.5 \times$ □$=1800$,
   □$=1800 \div 22.5 = 80$
따라서 빈 물탱크에 물을 가득 채우는 데
걸리는 시간은 80분＝1시간 20분입니다.

9 조건을 따져 해결하기

오후 3시부터 같은 날 오후 5시 30분까지는
2시간 30분＝120분＋30분＝150분입니다.
시계가 5분 동안 3초씩 느려질 때 150분 동
안 □초 느려진다고 하고 비례식을 세우면
5 : 3＝150 : □입니다.
➡ $5 \times$ □$=3 \times 150$, $5 \times$ □$=450$,
   □$=450 \div 5 = 90$
따라서 150분 동안 90초(＝1분 30초) 느려
지므로 같은 날 오후 5시 30분에 이 시계가
가리키는 시각은
오후 5시 30분－1분 30초
＝오후 5시 28분 30초입니다.

주의 느려지는 시계는 정확한 시각 이전의 시
각을 가리킵니다.

10 식을 만들어 해결하기

사다리꼴 ㉠과 삼각형 ㉡의 높이는 평행선
사이의 거리이므로 서로 같습니다.
높이를 □cm라 하여 두 도형의 넓이를 각각
식으로 나타내 봅니다.
(사다리꼴 ㉠의 넓이)
$= (12 + 8) \times$ □$\div 2 = (20 \times$ □$\div 2)$
$= (10 \times$ □$)$ (cm²)
(삼각형 ㉡의 넓이)
$= (12 \times$ □$\div 2) = (6 \times$ □$)$ (cm²)
두 도형의 넓이의 비를 간단한 자연수의 비로
나타내면 다음과 같습니다.

(사다리꼴 ㉠의 넓이) : (삼각형 ㉡의 넓이)

$=(10×\square):(6×\square)=10:6$

$=(10÷2):(6÷2)=5:3$

사다리꼴 ㉠과 삼각형 ㉡의 넓이의 비는

5 : 3이고, 넓이의 합은 160 cm²이므로

㉡의 넓이는 $160×\dfrac{3}{5+3}=160×\dfrac{3}{8}=60\,(cm^2)$

입니다.

규칙성·자료와 가능성 마무리하기 2회 · 116~119쪽

1 75번   **2** 10 : 9   **3** 120 mL

4 2시간 12분   **5** 4 : 1

6 삼촌: 45만 원, 고모: 27만 원

7 $1\dfrac{1}{2}$ **8** 7 cm   **9** 36개

10 10명

---

1 식을 만들어 해결하기

이 선수가 공을 250번 칠 때 안타를 $\square$번 친다고 하고 비례식을 세우면

$10:3=250:\square$입니다.

➡ $10×\square=3×250,\ 10×\square=750,$

$\square=750÷10=75$

따라서 이 선수가 공을 250번 칠 때 안타를 75번 칠 것으로 예상됩니다.

2 식을 만들어 해결하기

(직사각형의 넓이)$=0.8×0.5=0.4\,(m^2)$

(정사각형의 넓이)$=0.6×0.6=0.36\,(m^2)$

➡ (직사각형의 넓이) : (정사각형의 넓이)

$=0.4:0.36=(0.4×100):(0.36×100)$

$=40:36=(40÷4):(36÷4)=10:9$

따라서 직사각형 가와 정사각형 나의 넓이의 비를 간단한 자연수의 비로 나타내면 10 : 9입니다.

3 식을 만들어 해결하기

1 L 720 mL=1720 mL

전체 우유 양 1720 mL를 20 : 23으로 비례배분합니다.

· 선호: $1720×\dfrac{20}{20+23}=1720×\dfrac{20}{43}$

$\qquad\qquad\qquad\qquad =800\,(mL)$

· 동생: $1720×\dfrac{23}{20+23}=1720×\dfrac{23}{43}$

$\qquad\qquad\qquad\qquad =920\,(mL)$

따라서 동생은 선호보다 우유를

920 mL−800 mL=120 mL 더 많이 마셨습니다.

다른 풀이

선호가 마신 우유는 전체의 $\dfrac{20}{43}$이고,

동생이 마신 우유는 전체의 $\dfrac{23}{43}$이므로

동생은 선호보다 우유를 전체의

$\dfrac{23}{43}-\dfrac{20}{43}=\dfrac{3}{43}$인 $\overset{40}{1720}×\dfrac{3}{\underset{1}{43}}=120\,(mL)$

만큼 더 많이 마셨습니다.

4 식을 만들어 해결하기

운동을 2시간 했을 때 독서를 한 시간을 $\square$시간이라 하고 비례식을 세우면

$1\dfrac{1}{2}:1.65=2:\square$입니다.

➡ $1\dfrac{1}{2}×\square=1.65×2,\ 1.5×\square=3.3,$

$\square=3.3÷1.5=2.2$

따라서 혜주는 오늘 독서를

2.2시간$=2\dfrac{2}{10}$시간$=2\dfrac{12}{60}$시간=2시간 12분

동안 했습니다.

5 표를 만들어 해결하기

빨간색 주사위 눈의 수가 1일 때 나올 수 있는 보라색 주사위 눈의 수는 1, 2, 3, 4, 5, 6으로 6가지입니다.

빨간색 주사위 눈의 수가 2, 3, 4, 5, 6일 때에도 각각 6가지씩이므로 나오는 모든 경우의 수는 6×6=36(가지)입니다.

두 주사위 눈의 수의 합이 4의 배수가 되는 경우를 모두 찾아봅니다.

빨간색 주사위 눈의 수	1	2	3	2	3	4	5	6	6
보라색 주사위 눈의 수	3	2	1	6	5	4	3	2	6
합	4	4	4	8	8	8	8	8	12

두 주사위 눈의 수의 합이 4의 배수가 되는
경우의 수는 9가지입니다.
주사위 2개를 동시에 던졌을 때 나오는 모든
경우의 수와 두 주사위 눈의 수의 합이 4의
배수가 되는 경우의 수의 비를 간단한 자연수
의 비로 나타내면
$36 : 9 = (36 \div 9) : (9 \div 9) = 4 : 1$입니다.

6 조건을 따져 해결하기

(삼촌의 투자 금액) : (고모의 투자 금액)
$= 35만 : 21만 = (35만 \div 7만) : (21만 \div 7만)$
$= 5 : 3$
이익금 72만 원을 $5 : 3$으로 비례배분합니다.

- 삼촌: $72만 \times \dfrac{5}{5+3} = 72만 \times \dfrac{5}{8}$
  $\qquad\qquad = 45만 (원)$
- 고모: $72만 \times \dfrac{3}{5+3} = 72만 \times \dfrac{3}{8}$
  $\qquad\qquad = 27만 (원)$

7 조건을 따져 해결하기

$56 : \blacksquare = 2.8 : 1\dfrac{1}{4}$ ➡ $56 \times 1\dfrac{1}{4} = \blacksquare \times 2.8,$
$\blacksquare \times 2.8 = 70,$ $\blacksquare = 70 \div 2.8 = 25$
$\blacksquare = 25$이므로 $25 : 15 = 2\dfrac{1}{2} : \heartsuit$입니다.

➡ $25 \times \heartsuit = 15 \times 2\dfrac{1}{2},$ $25 \times \heartsuit = \dfrac{75}{2},$

$\heartsuit = \dfrac{75}{2} \div 25 = \dfrac{\overset{3}{\cancel{75}}}{2} \times \dfrac{1}{\underset{1}{\cancel{25}}} = \dfrac{3}{2} = 1\dfrac{1}{2}$

8 조건을 따져 해결하기

삼각형 ㉠의 넓이가 $42\,cm^2$일 때 삼각형 ㉡
의 넓이를 $\square\,cm^2$라 하고 비례식을 세우면
$2 : 3 = 42 : \square$입니다.
➡ $2 \times \square = 3 \times 42,$ $2 \times \square = 126,$
$\square = 126 \div 2 = 63$

삼각형 ㉡의 넓이가 $63\,cm^2$이므로 삼각형
㉡의 높이를 $\triangle\,cm$라 하면
$18 \times \triangle \div 2 = 63,$ $9 \times \triangle = 63,$
$\triangle = 63 \div 9 = 7 (cm)$입니다.
따라서 삼각형 ㉡의 높이는 $7\,cm$입니다.

9 조건을 따져 해결하기

(㉠의 회전수) : (㉡의 회전수)
$= 40 : 50 = (40 \div 10) : (50 \div 10) = 4 : 5$
(㉠의 회전수) : (㉡의 회전수) $= 4 : 5$이므로
(㉠의 톱니 수) : (㉡의 톱니 수) $= 5 : 4$입니다.
톱니바퀴 ㉠의 톱니가 45개일 때 톱니바퀴
㉡의 톱니 수를 $\square$개라 하고 비례식을 세우면
$5 : 4 = 45 : \square$입니다.
➡ $5 \times \square = 4 \times 45,$ $5 \times \square = 180,$
  $\square = 180 \div 5 = 36$
따라서 톱니바퀴 ㉠의 톱니가 45개일 때
톱니바퀴 ㉡의 톱니는 36개입니다.

[참고] (㉠의 회전수) : (㉡의 회전수) $= \blacksquare : \blacktriangle$
➡ (㉠의 톱니 수) : (㉡의 톱니 수) $= \blacktriangle : \blacksquare$

10 조건을 따져 해결하기

전학을 간 후 전체 학생 수 500명을 $13 : 12$
로 비례배분하여 전학을 간 후 남학생과 여학
생 수를 각각 구합니다.

- 남학생: $500 \times \dfrac{13}{13+12} = 500 \times \dfrac{13}{25}$
  $\qquad\qquad = 260(명)$
- 여학생: $500 \times \dfrac{12}{13+12} = 500 \times \dfrac{12}{25}$
  $\qquad\qquad = 240(명)$

남학생만 전학을 갔으므로 여학생 수는 지난
달에도 240명이었습니다.
전학을 가기 전 남학생 수를 $\square$명이라 하고
비례식을 세우면 $9 : 8 = \square : 240$입니다.
➡ $9 \times 240 = 8 \times \square,$ $8 \times \square = 2160,$
  $\square = 2160 \div 8 = 270$
전학을 가기 전 남학생은 270명이었고 전학
을 간 후에 남학생은 260명이므로 전학을 간
남학생은 $270 - 260 = 10(명)$입니다.

01 $3\dfrac{1}{5}$ cm **02** 54 cm² **03** 초아, 1개

04 360 m **05** 67그루 **06** 3

07 8 m **08** 7개 **09** 400 g

10 72 cm²

11
옆

12 2.16

13 20 : 7 **14** 120 cm² **15** $\dfrac{4}{7}$

16 88 cm **17** 164 L **18** 4분 48초

19 오후 6시 1분 **20** 12.8 cm

01

삼각형의 높이는 직사각형의 세로와 같습니다.
➡ (직사각형의 세로)
   = (직사각형의 넓이) ÷ (직사각형의 가로)
   $= 12 \div 3\dfrac{3}{4} = 12 \div \dfrac{15}{4} = \overset{4}{\cancel{12}} \times \dfrac{4}{\underset{5}{\cancel{15}}}$

   $= \dfrac{16}{5} = 3\dfrac{1}{5}$ (cm)

02

구는 반원 모양 종이를 지름을 기준으로 한 바퀴 돌려 만든 입체도형이므로 돌리기 전 평면도형을 그리면 다음과 같이 반지름이 6 cm인 반원입니다.

6 cm

➡ (반지름이 6 cm인 반원의 넓이)
   $= 6 \times 6 \times 3 \div 2 = 54$ (cm²)

03

상민이와 초아가 만든 모양의 쌓기나무 수를 층별로 세어 구합니다.

· 상민: 1층에 6개, 2층에 4개, 3층에 2개
   ➡ 6 + 4 + 2 = 12(개)
· 초아: 1층에 6개, 2층에 5개, 3층에 2개
   ➡ 6 + 5 + 2 = 13(개)

따라서 12 < 13이므로 초아가 쌓기나무를
13 − 12 = 1(개) 더 많이 사용했습니다.

04

굴렁쇠가 한 바퀴 굴러간 거리가
0.3 × 2 × 3 = 1.8 (m)이므로
굴렁쇠가 200바퀴 굴렀을 때 굴러간 거리는
1.8 × 200 = 360 (m)입니다.
따라서 집에서 학교까지의 거리는 360 m입니다.

05

(나무 사이의 간격 수)
   = (도로 한쪽의 길이) ÷ (나무 사이의 거리)
   = 79.2 ÷ 1.2 = 66(군데)
나무 사이의 간격이 ■군데일 때 필요한 나무 수는 (■ + 1)그루입니다.
따라서 나무 사이의 간격이 66군데이므로
필요한 나무는 모두 66 + 1 = 67(그루)입니다.

06

5 ÷ 2.2 = 2.272727……로 몫의 소수 첫째 자리부터 2개의 숫자 2, 7이 반복되므로 몫의 소수 15째 자리 숫자는 2이고, 소수 16째 자리 숫자는 7입니다.
따라서 몫을 반올림하여 소수 15째 자리까지 나타내면 몫의 소수 15째 자리 숫자는 3이 됩니다.

참고 몫을 반올림하여 소수 15째 자리까지 나타내려면 소수 16째 자리에서 반올림해야 합니다.

07

연못의 반지름을 □ m라 하면
(연못의 넓이) = □ × □ × 3.14 = 50.24 (m²)입니다.
□ × □ = 50.24 ÷ 3.14, □ × □ = 16이고,
4 × 4 = 16이므로 □ = 4입니다.
따라서 연못의 반지름을 4 m로 해야 하므로
연못의 지름은 4 × 2 = 8 (m)로 해야 합니다.

08

왼쪽 모양과 오른쪽 모양의 쌓기나무 수를 층별로 세어 구합니다.

· 왼쪽 모양: 1층, 2층, 3층에 각각 6개씩 있습니다. ➡ 6 × 3 = 18(개)

- 오른쪽 모양: 1층에 6개, 2층에 4개, 3층에 1개 있습니다. ➡ $6+4+1=11$(개)

따라서 왼쪽 직육면체 모양에서 쌓기나무를 $18-11=7$(개) 빼내야 합니다.

09

(복숭아와 수박의 무게의 합)
= (복숭아, 수박, 사과의 무게의 합)
  − (사과의 무게)
= $2500-300=2200$ (g)

복숭아와 수박의 무게의 합은 2200 g이고, 복숭아와 수박 무게의 비는 2 : 9입니다.

➡ (복숭아의 무게) $=2200 \times \dfrac{2}{2+9}$

$=\overset{200}{2200} \times \dfrac{2}{\underset{1}{11}}=400$ (g)

10

색칠한 부분의 넓이는 가장 큰 원의 넓이에서 작은 두 원의 넓이를 뺀 것과 같습니다.

(가장 큰 원의 지름) $=6+8=14$ (cm)
(가장 큰 원의 반지름) $=14 \div 2=7$ (cm)
(가장 작은 원의 반지름) $=6 \div 2=3$ (cm)
(두 번째로 큰 원의 반지름) $=8 \div 2=4$ (cm)
(가장 큰 원의 넓이) $=7 \times 7 \times 3=147$ (cm²)
(가장 작은 원의 넓이) $=3 \times 3 \times 3=27$ (cm²)
(두 번째로 큰 원의 넓이) $=4 \times 4 \times 3$
$=48$ (cm²)

➡ (색칠한 부분의 넓이)
= (가장 큰 원의 넓이) − (가장 작은 원의 넓이) − (두 번째로 큰 원의 넓이)
= $147-27-48=72$ (cm²)

11

옆에서 보았을 때 가장 왼쪽의 쌓기나무는 1개이므로 1층으로 그립니다.
가운데의 쌓기나무는 1개, 2개, 1개로 쌓여 있으므로 가장 높은 층인 2층으로 그립니다.
가장 오른쪽의 쌓기나무는 3개, 2개로 쌓여 있으므로 가장 높은 층인 3층으로 그립니다.

12

나누어지는 수가 클수록 나누는 수가 작을수록 몫이 큽니다.
수의 크기를 비교해 보면 $9>7>5>4$이므로 만들 수 있는 가장 큰 소수 한 자리 수는 9.7이고, 가장 작은 소수 한 자리 수는 4.5입니다.
따라서 몫이 가장 큰 나눗셈식의 몫을 반올림하여 소수 둘째 자리까지 나타내면
$9.7 \div 4.5=2.155 \cdots\cdots$ ➡ 2.16입니다.

13

비례식에서 외항의 곱과 내항의 곱이 같음을 이용하여 주어진 곱셈식을 비례식으로 나타낼 수 있습니다.

㉮$\times \dfrac{1}{4}=$㉯$\times \dfrac{5}{7}$ ➡ ㉮ : ㉯ $=\dfrac{5}{7} : \dfrac{1}{4}$

㉮ : ㉯를 간단한 자연수의 비로 나타내면
$\dfrac{5}{7} : \dfrac{1}{4}=(\dfrac{5}{7} \times 28) : (\dfrac{1}{4} \times 28)=20 : 7$
입니다.

14

(가로) : (세로) $=5 : 1\dfrac{1}{2}=5 : \dfrac{3}{2}$
$=(5 \times 2) : (\dfrac{3}{2} \times 2)=10 : 3$

직사각형의 가로와 세로의 비가 10 : 3이 되도록 표를 만들고, 직사각형의 둘레를 구해 봅니다.

가로 (cm)	10	20	30	……
세로 (cm)	3	6	9	……
둘레 (cm)	26	52	78	……

표에서 직사각형의 둘레가 52 cm일 때 가로는 20 cm, 세로는 6 cm입니다.
따라서 직사각형의 넓이는
$20 \times 6=120$ (cm²)입니다.

참고 (직사각형의 둘레) $=($(가로) + (세로)$) \times 2$

15

어떤 기약분수의 분모에서 3을 빼고 분자에 7을 더한 분수를 □라 하면

$□ \times 2\dfrac{1}{5}=6\dfrac{1}{20}$이므로

$$\square = 6\frac{1}{20} \div 2\frac{1}{5} = \frac{121}{20} \div \frac{11}{5}$$

$$= \frac{\overset{11}{\cancel{121}}}{\underset{4}{\cancel{20}}} \times \frac{\overset{1}{\cancel{5}}}{\underset{1}{\cancel{11}}} = \frac{11}{4} \text{입니다.}$$

따라서 어떤 기약분수는 $\frac{11}{4}$의 분모에 3을

더하고 분자에서 7을 뺀 $\frac{11-7}{4+3} = \frac{4}{7}$입니다.

16

(밑면의 지름)=(한 밑면의 둘레)÷(원주율)
$$= 43.96 \div 3.14 = 14 \text{ (cm)}$$
원기둥의 밑면의 지름이 14 cm이고, 높이가
8 cm이므로 끈의 길이에서 길이가 14 cm인
부분은 4군데이고, 길이가 8 cm인 부분은
4군데입니다.
따라서 필요한 끈은 적어도
$14 \times 4 + 8 \times 4 = 56 + 32 = 88$ (cm)입니다.

17

(수도에서 1분 동안 나오는 물의 양)

$$= 5\frac{1}{7} \div 2\frac{1}{4} = \frac{36}{7} \div \frac{9}{4} = \frac{36}{7} \times \frac{\overset{4}{\cancel{4}}}{\underset{1}{\cancel{9}}}$$

$$= \frac{16}{7} = 2\frac{2}{7} \text{ (L)}$$

1시간 11분 45초=71분 45초
$$= 71\frac{45}{60}\text{분} = 71\frac{3}{4}\text{분}$$

➡ (수도에서 1시간 11분 45초 동안 나오는
물의 양)

$$= 2\frac{2}{7} \times 71\frac{3}{4} = \frac{\overset{4}{\cancel{16}}}{\underset{1}{\cancel{7}}} \times \frac{\overset{41}{\cancel{287}}}{\underset{1}{\cancel{4}}} = 164 \text{ (L)}$$

참고
(수도에서 1분 동안 나오는 물의 양)
=(수도에서 ■분 동안 나오는 물의 양)÷■

18

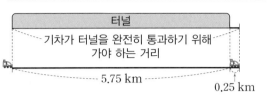

기차가 터널을 완전히 통과하기 위해 가야 하
는 거리는 터널의 길이와 기차의 길이의 합이
므로 5.75+0.25=6 (km)입니다.
기차가 1분에 1.25 km씩 가므로 6 km를 가는
데 걸리는 시간은 6÷1.25=4.8(분)입니다.
따라서 기차가 터널을 완전히 통과하는 데

걸리는 시간은 4.8분=$4\frac{8}{10}$분=$4\frac{48}{60}$분

=4분 48초입니다.

19

낮 12시부터 오후 6시까지는 6시간입니다.
시계가 하루(=24시간) 동안 4분씩 빨라지고
6시간 동안 □분 빨라진다고 하여 비례식을
세우면 24 : 4 = 6 : □입니다.
➡ 24×□=4×6, 24×□=24,
　　□=24÷24=1
이 시계는 6시간 동안 1분 빨라지므로
같은 날 오후 6시에 이 시계가 가리키는 시각은
오후 6시 1분입니다.

20

색칠하지 않은 부분은 반원과 사다리꼴의 공
통 부분이므로 반원의 넓이와 사다리꼴의 넓
이는 같습니다.
(반원의 반지름)=16÷2=8 (cm)
(반지름이 8 cm인 반원의 넓이)
$= 8 \times 8 \times 3.1 \div 2 = 99.2 \text{ (cm}^2\text{)}$
(사다리꼴의 넓이)=(7.5+8)×(높이)÷2
　　　　　　　　=99.2이므로
15.5×(높이)÷2=99.2,
(높이)=99.2×2÷15.5=12.8 (cm)입니다.
따라서 사다리꼴의 높이는 12.8 cm입니다.

MEMO

MEMO

문제 해결의 길잡이

원리

수학 6-2

---

www.mirae-n.com

학습하다가 이해되지 않는 부분이나 정오표 등의
궁금한 사항이 있나요?
미래엔 홈페이지에서 해결해 드립니다.

교재 내용 문의
나의 교재 문의 | 수학 과외쌤 | 자주하는 질문 | 기타 문의

교재 자료 및 정답
동영상 강의 | 쌍둥이 문제 | 정답과 해설 | 정오표

우리 아이 바른 공부 습관
미래엔 에듀

http://cafe.naver.com/mathmap

함께해요! 바른 공부법 캠페인

궁금해요! 교재 질문 & 학습 고민 타파

공부해요! 미래엔 에듀 초등 교재

참여해요! 선물이 마구 쏟아지는 이벤트

초등학교

학년   반   이름

 **예비초등**

한글 완성
초등학교 입학 전
한글 읽기·쓰기 동시에 끝내기 [총3책]

예비 초등
자신있는 초등학교 입학 준비!
[국어, 수학, 통합교과, 학교생활 총4책]

 **독해**

독해 시작편
초등학교 입학 전 독해 시작하기
[총2책]

독해
교과서 단계에 맞춰 학기별
읽기 전략 공략하기 [총12책]

비문학 독해 사회편
사회 영역의 배경지식을 키우고,
비문학 읽기 전략 공략하기 [총6책]

비문학 독해 과학편
과학 영역의 배경지식을 키우고,
비문학 읽기 전략 공략하기 [총6책]

쏙셈

쏙셈 시작편
초등학교 입학 전 연산 시작하기
[총2책]

쏙셈
교과서에 따른 수·연산·도형·측정까지
계산력 향상하기 [총12책]

창의력 쏙셈
문장제 문제부터 창의·사고력 문제까지
수학 역량 키우기 [총12책]

ENGLISH BITE

알파벳 쓰기
알파벳을 보고 듣고 따라 쓰며 읽기·쓰기
한 번에 끝내기 [총1책]

파닉스
알파벳의 정확한 소릿값을 익히며
영단어 읽기 [총2책]

사이트 워드
192개 사이트 워드 학습으로
리딩 자신감 쑥쑥 키우기 [총2책]

영단어
학년별 필수 영단어를 다양한
활동으로 공략하기 [총4책]

영문법
예문과 다양한 활동으로
영문법 기초 다지기 [총4책]

한자

교과서 한자 어휘도 익히고
급수 한자까지 대비하기
[총12책]

 중국어

신 HSK 1, 2급 300개 단어를
기반으로 중국어 단어와 문장
익히기 [총6책]

 큰별★쌤 최태성의
한국사

큰별쌤의 명쾌한 강의와 풍부한 시각
자료로 역사의 흐름과 사건을 이미지
로 기억하기 [총3책]

APP 다운로드

하루 한장 학습 관리 앱
**손쉬운 학습 관리로 올바른
공부 습관을 키워요!**

바른 학습 길잡이
바로 알기 시리즈

바로 알기 시리즈는 학습 감각을 키웁니다.

학습 감각은 학습의 기본이 되는 힘으로,

기본 바탕이 바로 서야 효과가 있습니다.

기본이 바로 선 학습 감각을 가진 아이는

어렵고 힘든 문제를 만나면 자신 있는 태도로

해결하고자 노력합니다.

미래엔의 교재로

초등 시기에 길러야 하는 학습 감각을

바로 잡아 주세요!

도형 감각

**쉽고 재미있게 도형의 직관력과
입체적 사고력을 키워요!**

- 그리기, 오려 붙이기, 만들기 등
  구체적인 활동을 통한 도형의 바른
  개념 형성

- 다양한 도형 퀴즈를 통해
  공간 감각 능력 신장

1~6학년 학기별
[총12책]